未读 | 生活家 |

# 有悬念的气味，以及不盲从的生活

NICHE LIFE WITH NICHE PERFUME

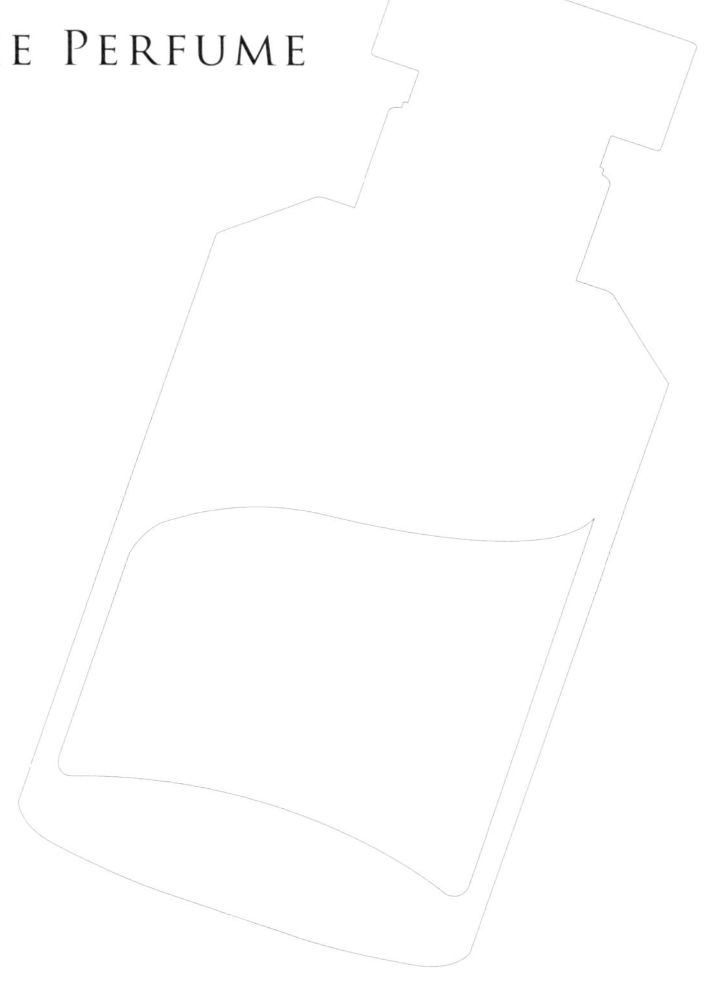

颂元——著

上海文化出版社

谨以此书献给我的母亲张书雅女士。

Une excellente analyse sur l'évolution de la parfumerie.
Tout ce que vous voulez savoir sur les 53 marques de parfumerie d'exception.

Un livre vraiment utile pour guider votre choix et trouver le parfum unique !

Toutes mes sincères félicitations, M. Song, pour ce travail remarquable.

Patricia

这是一本实用的书！
颂元对多种小众香水品牌进行了出色的分析，你可以从中找到独一无二的香水！
衷心祝贺颂元完成如此出色的作品。

-

帕特里夏·德尼古莱（Patricia de Nicolaï），传奇女性调香师、“尼古莱”（Nicolaï）品牌创始人

Equipped with a fine nose
and impeccable taste,
Song Yuan today is one of
the leading authors and
experts in the world of
niche perfumery.
Her enthusiasm for
traditional and new
developments in fragrance
is contagious and has
earned her a worldwide
following.

From Beijing to Paris,
she is always one sillage
ahead.

Ulrich Lang
New York, August 2019

颂元有着超凡的嗅觉和完美的品位，是当今小众香水界中出色的专家。
她对传统的和新发展中的香氛的热情是极具渲染力的，这使她拥有遍布全世界的追随者，
从北京到巴黎，都有她留下的香迹。

-

乌尔里希 · 朗（Ulrich Lang），知名摄影师、艺术策展人、“乌尔里希 · 朗”品牌创办人

Congratulations Ms Song for sharing your insightful olfactive knowledge and experience. I hope Journey for Man offers you the scope for new discovery.

Brava!!!

Christopher Chong

恭喜颂元分享了她对香气的见解，

我希望“爱慕”的“香遇旅途男士”能使你们对香氛有更新的了解。

-

克里斯托弗·庄（Christopher Chong），“爱慕”（Amouage）前品牌创意总监

Quale migliore nome di Song per
promuovere l'unione tra profumo e musica!
Un grazie di cuore per questo libro e per
la bellissima attività svolta per fare "ascoltare"
le storie che un bel profumo è capace di raccontare
senza bisogno di tradurle

Silvio Levi

没什么人比颂元更适合为香水宣传了！

衷心地感谢你为这本书作出的贡献，美丽的香水能讲述美丽的故事，并且无须被翻译就能被理解。

-

西尔维奥 · 莱维（Silvio Levi），米兰艺术香水展创始人、“卡雷”（Cal Fragranze d’Autore）品牌创始人

*Song ressent le monde du parfum*
*avec son regard éblouissant, un amour profond*
*et une perspicacité intense. Cela n'a jamais changé*
*depuis notre première rencontre.*

*Miya Shinma*

颂元对香水世界有着独特的见解，
她对香水深沉的爱意和深刻的体会，从我们初次见面至今从未改变。
-
新间美也（Miya Shinma），“新间美也”调香师

I am very proud to see Room 1015 featured in this must-have book!

Dr. Mike

非常荣幸“1015 号房间”能在这本必读书籍中被介绍！

-

迈克尔 · 帕尔图什（Michael Partouche），“1015 号房间”（Room1015）调香师兼创始人

It's with great pleasure that I want to congratulate Song Yuan for this wonderful book. Song Yuan is very passionate about perfumes, and she is also a true expert. On top of that, she really knows how to share and communicate her passion for artistic perfumes!

Merci Marjorie Olibere

恭喜颂元写出了这本令人惊叹的作品，

她不仅对香水充满了热情，更懂得如何分享她对艺术沙龙香水的热爱。

-

玛乔丽 · 奥利布尔（Marjorie Olibere），知名制片人、“奥利布尔”（Olibere）品牌创始人

A perfume is an invisible accessory.
A signature with a difference ~
an allure, an attitude, simply an
expression of a raw material.

Naomi Goodsir

香水是我们最不可或缺的配饰，特色鲜明又与众不同，诱人且有个性。

-

内奥米 · 古德瑟（Naomi Goodsir），知名设计师、“内奥米 · 古德瑟”品牌创始人

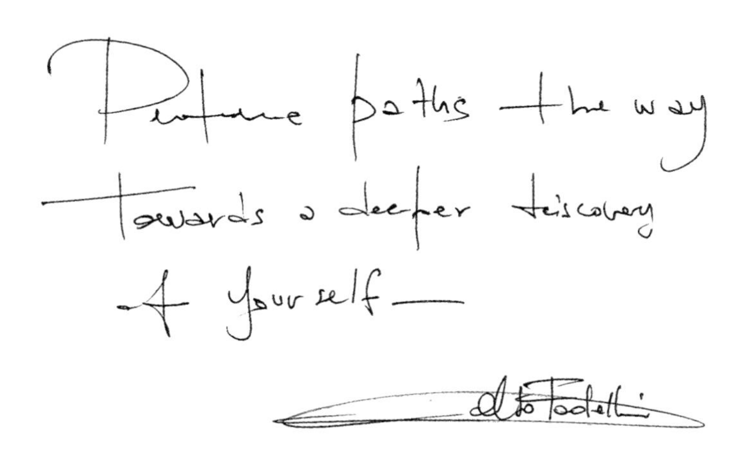


不寻常的香水能使你发现更深层的自己。

-

切尔索·法代利（Celso Fadelli），欧洲小众香水控股集团创始人、CEO

# 推荐序

给颂元的两个故事和一首诗

一

我跟他从来没有见过面，却相恋了三年。

每一次想起他，就像睫毛上沾满了星尘，眼前模糊一片，却是最璀璨的模糊一片。

直到那天早晨，他跟我说：从此，我们不会见面。

他不知道的是，为了见他，我私底下留了一条真丝长裙和一瓶香水。

裙子上满是绣球花，而香水是为了想象无数次跟他的见面。

那天早晨，我把香水和裙子收拾好了，跟三年来我给他写的所有文字一起，放进了保险箱里。

我想，等下一次再打开的时候，就不知道是何年何月了。

我坐在椅子上遐想，那瓶香水，在保险箱里放置了百年之后，不知会是什么气味。

我还用 FaceApp 探测了他衰老以后的容颜。

一切都如此之美。

## 二

同一天的下午，家里来了很多客人。

在我的“世界最小博物馆”里，人们在看神奇的收藏：有张晓栋的龙鳞装，有罗峰的紫砂铁壶，有黄朋的书法。黄昏的时候，大家都走了以后，我们发现，所有的作品都在，唯独少了两瓶香水。

究竟是谁偷走了这两瓶香水？

我开始搜寻现场录像。最终发现，拿走香水的原来是两个年轻人。于是打电话去问：

“你们是不是拿走了我们的香水？”

“我想你们大概以为那是抽奖的奖品吧？”

“拿错了，没关系，还给我们就行了。”

我的台词客气而冷静，把怎么下台阶都为他们设置好了。

他们在电话上没有说什么，安静地听我问完，安静地说：好。

没过几天，香水回来了。它们肩并肩站立着，如此魅惑，足以令人为它们犯罪。

## 三

以上是同一天的上午和下午，发生在我家的真实故事。这三瓶香水都是颂元推荐的。

第一个故事里的香水是“骚动之云”。第二个故事里的两瓶香水是“圣洁之水”和“堡垒之殇”。它们来自哲学家和建筑师菲利普·迪梅奥（Philippe Di Méo）的小众香水品牌“幻想之水”（Liquides Imaginaires）。

当天晚上，下面的文字出现了：

香

如果有一种物质

只能通过比喻才能描述

它不会出现在女人的身体里

也不会出现在梦中

它构成了甜蜜的液体

和苦涩的气体

它是一起事故

把自己分成三段

一段是诱惑

一段是经久不息的凝视

还有一段是易守难攻的悬空

一段一段 呼吸接着呼吸

香掉进了水里

并四处找它

在空气里　在桥上　在石头的误会里

遍寻不见的风景　静静地坐在　幽茫的河边

它让枝丫迷路

让混沌退去形骸

让眉眼退去了远山

当你被它笼罩　仿佛去年的大雪

你已经人到中年，离神不远

颂元很神秘，香水也是。

之所以神秘，是因为它能够引发人在其他任何场景中都会克制和隐藏的动作。

它不仅能导致人们不可思议的举动，还有可能带来无法预料的结局，所以它是有关生命形式的根本诗歌。而这些动作和结局的突然性，也是哲学的审美形态。

那些让人忘形与着迷的故事和迷醉、失落和美艳，起伏在颂元的文字中。

你会发现，香水有让人无法想象的惊人之处。

那就是它的悬念所在了。

冰逸

2019 年 7 月 20 日

# 写在前面

什么是好香水，什么是好生活？

我尝试以简短的方式开始，只交代那些必须交代的事。

## 什么是好香水？

作为一个香评人，我认为有三种香水是值得收藏的：

第一种，创新的。我一直认为不论是艺术还是生活，“新意”都是无比重要的，我没有心情看一百个凡·高（Vincent van Gogh）画一百张差不多的向日葵。猎奇和尝新是人类的天性，这与长情并不矛盾，甚至可以完美共存。如果我试到一种从来没有尝试过的气味作品，或者发现有人在老掉牙的香料题材上做出了完全不同于以往的创新，我就会特别兴奋。这本书里的大部分香气作品都是因为这个原因从几十万个同类中脱颖而出的。

第二种，达意的。其实有太多香水作品是文不对题的，如果某支作品能够充分地表达出创作者的调香灵感，并且有效地将这种灵感传达给试香者，最好还能激起试香者举一反三的延伸思考，那么毫无疑问，这就是一支伟大的作品。当然这一类香水已经完全归入艺术审美的范畴，个中厉害之处，不必我多言。

第三种，昂贵的。物以稀为贵，昂贵的香水大多是因为使用了珍稀的原材料（那些在瓶子上镶钻石的除外）。以前我不太看得上这类香水，毕竟像这种叠加昂贵香料的行为，有钱就能做到。但是后来我觉得这或许与钱关系不大，香料之所以昂贵是因为它凝结了大自然的恩赐、人类萃取的智慧，甚至是忍受了极大的痛苦，才能产出那么一点点珍宝，这是值得我们珍惜的。

好了，这就是我对于好香水的个人判断标准，这本书里出现的所有香水都不会超出这个判断标准。

## 我所理解的好生活

我不是一个香水发烧友，我只是不能抗拒香气馥郁的生活。我认为香水是美好生活里一块重要的拼图，是嗅觉艺术的表达，是情绪的另类释放和观赏。然而，香水本身并不重要，重要的是我们在香气里过着怎样的生活。

距离上一本书的出版已经过去约莫四年了。作为一名作者，这四年来，我的文字出乎意料地越来越洗练。我不喜欢加花哨的词汇，避免讲废话；作为一个创业者和商人，我既懂得尊重商业社会的基本规则，也坚持自己的想法和原则，该妥协的妥协，不该妥协的绝不妥协。我发现自己对待生活和工作的态度越来越强硬，甚至可以说是决绝，所以这本书里的文字将与上一本中的娓娓道来大相径庭。

这就是我的生活。生活是境遇，境遇是变动的。所以你们所看到的我的变化，正是让我欣喜的地方。拥抱变化的自己，记录变化的自己，期待以后的变化，就是我生活中最大的乐趣了。

首先，在撰写这本书的过程中，我的助理王静儒、杨舜惠付出了大量心血，我非常感谢她们；其次，我还要感谢摄影师葛雨晨，他废寝忘食全情投入到这本书的视觉创作中；最后，我要特别感谢我的母亲张书雅女士，本来答应她的两次旅行都是因为写作的事而一拖再拖，直至今日也没有成行。我还要感谢我的调香师和品牌创始人朋友们，感谢他们用手写的推荐语表达对我的信任和爱护。

希望你们能感受到这本书里的用心，愿不负你们逐字阅读的大好光阴。

颂元

2019 年 7 月 31 日

目录

HAMEAU
DE LA REINE
MARIE-ANTOINETTE
HISTORIAE

# 皇后的小村落

Hameau de la Reine | by Historiae

/ 所谓“成长”，总是离不开为褒义词祛魅和为贬义词平反。/

曾在一个节目里听何炅讲“绿茶”这个称呼的来历。据说是在京城某家有名的KTV里，有很多渴望成功的女孩应邀参加各种聚会，她们当中有些人认为，只有当聚会里有值得结交的人的时候，她们才会大量喝酒；而如果她们觉得来参加聚会的只是一帮闲人，没什么可利用的价值，她们就会谎称自己不会喝酒，只能喝绿茶。久而久之，人们就把这些非常势利的“双面女孩”称作“绿茶”。

当时我听完并没有往心里去。直到有一天，我翻到自己八年前的日记，发现字里行间充满了对平淡生活朴素的爱。那时的我愿意在咖啡厅里跟毫不相干的人聊天；愿意在看上去“毫无用处”的人身上花费时间；也愿意耐心对待身边人犯的错误。

但我现在不是这样了。我有一个不大不小的公司，有几十号员工，用前辈们的话来说，每天一睁眼我们就欠房地产商和员工几万块钱。因此，我必须有目的地使用有限的时间，有选择地去结交那些对我的事业有帮助的人。我对那些低级错误失去耐心，也不再允许犯错过多的人继续留在公司里。如果我今天去参加一个饭局，里面都是些无关紧要的角色，那我肯定不会喝酒——喝酒伤身，我们一生对于这种伤害所能承受的次数是有限的，在目前这个阶段，我要把它们用到对我的事业发展有利的人身上，或者半夜独酌时。上述种种都是我非常真实的工作和生活状态，谈不上讨厌还是喜欢。

“唉，那我不就是‘绿茶’吗？”我突然想到了何炅的话。不过不只是我，任何一个讲效率、拼脑力的职场人士，都不会在“没用的人”身上浪费时间。当然，生活里的好朋友除外，但我也会适当控制朋友的人数。

在纠结于“绿茶”这个词背后的合理逻辑的同时，我还有另一个掏心掏肺的问题，请问：怎么样才是一个家庭出身小康，有着极强的自尊心，既未娶入或嫁入豪门，也不是成功人士的情人的男孩或者女孩，想成就一番事业的高道德版成功路径呢？除了跟有用的人喝酒、跟没用的人喝绿茶，我们是否还有其他更有效的选择？我不知道。

对一位臭名昭著的人的重新审视，发生在被斩首的路易十六的皇后玛丽·安托瓦内特（Marie Antoinette）身上。过往历史书里的彩色大图历历在目，不知道是哪个法国画家创作的作品，画的是玛丽·安托瓦内特被推上断头台，头被切下来的场景。小时候的我，看到这番场景便觉得脖颈发凉，也自此就认定：这肯定是个十恶不赦的坏女人。

长大后，我对于这种好与坏的割裂逐渐瓦解，并试图以还原他们生活的方法去看待一些盖棺论定的人物。我在重新审视玛丽皇后的过程中，有幸读到一本很有意思的书——《玛丽皇后穿什么面对法国大革命》

(*What Marie Antoinette Wore to the Revolution*)。这本书从一个细微但全新的视角，通过一些微小的史料最大限度地去还原玛丽皇后的日常生活，以及以她的穿着、配饰为中心的衣食住行。我想这个世界上可能没有被后来人所知的真实的过去，所谓"真实"就藏在那些细小的衣食住行里，你得自己去收集，然后得出自己的结论。

这种审视的过程每天都在进行，我们在变老，同时也必须变成熟。所谓"成长"是很抽象的，但总是离不开为褒义词祛魅和为贬义词平反这两件事。这本书里记录的很多故事也都如此。

## 第一次试香

第一次试香，我坐在沙发上，拿着沾染了"皇后的小村落"(Hameau de la Reine)的试香纸，产生了某种错觉，仿佛真真切切地坐在小特里阿侬宫(Petit Trianon)后面的野趣花园里：刚刚下过一场雨，每一株草上都附带了一滴水，水汽夹杂着草香气扑面而来。如果你仔细去分辨这扑面而来的气味时，不但会嗅到草上的雨水味，还有花田里被精心照料的玫瑰花花瓣上的雨水味，那是百花待谢的春天的尾部，一派真正的开到荼蘼花事了。等一切渐渐暗淡下来，仿佛太阳出来了，草叶上的雨水蒸发殆尽，湖水和草地即将酝酿一场全新的生命。

这款香水来自法国巴黎的平民沙龙香品牌"史学家"(Historiae)，它的性价比非常高。调香师选取法国历史上经典的人物和历史事件作为调香灵感，将历史与香气用心融合在一起，并借由香气对历史展开与众不同的思考。通常人们在想到玛丽皇后时，会先想到她时髦的风格、独特的创造力和得体的礼数。虽然同样是介绍她的生平，这支“皇后的小村落”的创作者选择去展现玛丽不曾被关注的侧面——她的田园主义倾向，她的入世和避世，她对卢梭（Rousseau）笔下质朴生活的崇拜，以及她亲手打造的小村庄。

不同于凡尔赛宫的华丽和规矩，玛丽皇后在收到丈夫路易十六赠送的行宫小特里阿依宫之后，就决心将其打造成一个世外桃源。于是，她将小特里阿依宫的花园进行改造，建起了牧场、农舍、花田、草场，她甚至在里面牧羊、挤羊奶、干农活儿。这款香水意在展现一个完全不同于凡尔赛宫内、与路易十六流亡时、断头台上的玛丽皇后的生活片段。调香师无意为她辩解，只是想尽可能充分地去还原一个历史人物。

这是一支平易近人、易于穿戴的作品，直接使用了各种绿意香材，与过往那些由于注重平衡而略显隔靴搔痒的绿香气相比，它是名副其实的绿调香水。它的调香师贝特朗·迪绍富尔（Bertrand Duchaufour）是当代知名的独立调香师，很多别致而有创意的沙龙香水都出自其手，而这支“皇后的小村落”毫无疑问是他所有创作中最具绿意的一支，它代表着当代香气创作的一个重要方向——有限的平衡和美化。这个观点与来自纽约的品牌“乌尔里希·朗”（Ulrich Lang）一致，后者在2016年推出了一款香水“阿卜苏”（Apsu），因其逼真地模拟了鲜割青草的气味画面而被称为“史上最强青草香”。

## 关于品牌 Historiae

Historiae 中文常译为“史学家”，是一家于 2012 年在法国创立的香水及香氛品牌。该品牌以法国历史上知名的历史事件和历史人物为灵感，选取独特的创作角度，邀请小众香水领域卓有建树的独立调香师为其进行创作。

“史学家”的香气作品既平易近人，又能在平凡中有所创新，最难得的是其高品质香水及香氛产品的售价非常亲民，拥有很高的性价比和很好的用户使用口碑。截至目前，该品牌共推出了六支香水作品。

HAMEAU
DE LA REINE
MARIE ANTOINETTE
HISTORIAE

▼

性格

**清新 / 活泼 / 单纯 / 质朴**

季节

**春夏**

场合

**约会 / 郊游 / 野餐 / 户外运动**

▼

总　　评　★★★★☆

艺 术 性　★★★☆☆
表 现 力　★★★★☆
创 造 力　★★★★☆
可穿戴性　★★★★★

▼

前调

**香柠檬 | 黑醋栗叶 | 番茄叶 | 无花果叶**

中调

**玫瑰 | 白松香 | 牡丹 | 老鹳草 | 山梅花 | 常春藤**

尾调

**香根草 | 广藿香 | 麝香 | 蜂蜜**

▼

官网：https://www.historiae-secrets.com

Golconda
J. JAR's
PARIS

# 花之宝藏

Golconda | by JAR

/ 你总说的小众香水，是不是还没运作成熟的大众香水？ /

不知是否有人注意过，香水跟同属美妆的其他品类都不一样，因为它没有什么实在的功能，算是个无用之物，它的存在更偏向于满足人们的审美需求。

在这个小众概念肆虐的时代，任何一个还没“长大”的品牌似乎都可以称自己是小众品牌，虽然其中有不少都是来圈钱的。而在我亲自测试后发现，那些主打功能性品类里的小众品牌难用的比例也非常高。试问，那些研发投入几十年研究出来的护肤品的有效成分，一个小公司外包生产，要怎么拼得过呢？虽然我也是小众品牌鞋子的爱好者（至少有几十双小众品牌鞋子了），但不得不说，有些品牌只有靠外形做噱头，鞋子完全不合脚，有些款式甚至不符合基本的人体工学，还有的没穿两次就坏了。

如果说一支小众粉底、乳液不好用，或者一双小众的鞋磨脚不好穿，那就说明它的功能不济，这不能用艺术创意和产量少来做借口。这样的小众品牌顶多是割一茬韭菜，迟早会被市场淘汰。

由于香水没有好用与否这样的功能性来鉴定产品的成败，所以关于小众香水（Niche Perfume）的好与坏讨论就会更多一点。公平地说，香水品类是小众品牌中唯一有可能做好，并超越主流大牌的品类。毕竟审美这件事，规模越小、越个人化，越能激发出美感和共鸣。但这里我要厘清一个概念，即小众香水并不是那些还没运作成熟的大众香水（Mass-Market Perfume）的雏形。我所说的小众香水更接近艺术香水（Artistic Perfume），而不仅是就市场规模而言。那么相比于时装设计师香水（Designer Perfume）和大众香水，小众香水究竟有什么不同呢？

1. 小众香水不仅是产品，它还是个人创作灵感的嗅觉表达。小众香水的调香师通常是先有明确的创作意图，从非常个人化的灵感出发，继而借由香材的组合搭配来表达自己在某时某地的所思所感。它不是经由传统的产品经理和评香师体系，对消费者需求进行研究，最终推出一支以满足市场需求为目标的香气产品。虽然有时这些产品也被赋予各种各样的营销故事，但往往由于欠缺基本的逻辑而显得牵强。比如，某设计师品牌近年来推出的一支以“晚香玉”为主题的少女香气，其营销故事中反复强调这支香水代表了品牌创始人的独立和坚毅，而晚香玉与独立，这两者间明显缺乏气味与感知之间应有的基本逻辑。

2. 独特的灵感、大胆的调香手法和对少见香材的运用，由此造就了小众香水更为独特的气味。不少人反映小众香水的气味别致，不太会撞香，这大概是基于以下两方面的因素：第一，由于创作者的灵感千差万别，不可能有过于雷同的想法出现，就像你的初恋不是我的初恋一样，所以也几乎不可能出现一样的创作。但使用代工模式的商业香水就难逃“甲品牌的配方改一改再卖给乙”的尴尬,所以它们彼此之间气味的相似程度,或说相似的概率就会比较高。第二，高品质小众香水的成本结构通常与商业香水不同，它们几乎不做广告，不找代言人。而且同一品牌使用同一种瓶身，这样的做法使得分摊的企业管理成本也非常低，节省下来的成本就可以更多地用于香水液体本身，让创作者有空间去使用一些更贵、更少见的香材。因此，小众香水的气味通常比较独特，当然，价格通常也会更高。

应该说目前的香水市场，乃至未来十年的市场主体毫无疑问仍旧是商业品牌，包括设计师品牌及大众品牌。但近十年来小众品牌的崛起速度已不容小觑，小众香水用它独有的气味创作灵感和艺术表现力征服了不少香水爱好者。作为市场的重要补充，小众香水品类的内部也在汰旧换新，时间将继续讲述它们独有的故事。

## 第二次试香

一个非常偶然的机会，我得到了一瓶三十年前乔尔·阿瑟·罗森塔尔（Joel Arthur Rosenthal，JAR）推出的第一支香水“花之宝藏”（Golconda），这将是我们的第二次试香。

如果你对“JAR”不了解，请参阅我的上一本书，这里不再赘述。在我心里，“JAR”一直代表着小众香水真正的精神家园：独立、自负与反乌合，直到现在我依然这样认为。很多人问我，为什么“JAR”能在小众精神的坐标轴上那么靠左，甚至是最左？我的回答通常很简单：他有钱。当一个人做香水不是为了挣钱的时候，他当然有资格抱有最初的纯粹，他甚至都不必去卖。

然而 JAR 真的也是这么践行的。不同于现在“JAR”香水使用的水滴型水晶瓶，这支于 1988 年出产的“花之宝藏”是特意从巴卡拉（Baccarat）定做的，使用的是配色颇具时代特点的鸡蛋形水晶瓶，辅以粉色的水晶蘸棒盖子，不过出差、旅行都不能携带，会漏。

三十年前，第一版“花之宝藏”的气味真是花香馥郁集大成之作，跟它的名字“富矿”“宝藏”非常匹配。浓郁的康乃馨和玫瑰香气，辅以“JAR”略带酸味的东方香辛气息，有绿意也足够尖锐，几乎在他所有的作品里都能找到这种酸之香辛。整支香水的香气浓郁、大气，留香时间可达一整天，其香精浓度至少达到了 Parfum[1] 或以上级别。

香水的名字 Golconda 取自印度知名的钻石产区戈尔康达（Golconda）矿区，那是在钻石被发现后，继而以“钻石”命名的地方，中世纪以前这里是钻石产区的唯一代名词，你会发现历史上的好多枚赫赫有名的大钻石都是产自这个矿区。于是，JAR 作为高定珠宝设计师，他的第一支香水作品就选择向戈尔康达矿区致敬，他要追求一种像宝藏一样馥郁、经久不衰的香气。

我对这支香水的喜爱当然也跟它经历的时间有关。三十年说长不长，但对于一个极端自负、不肯妥协的小众香水品牌来说就会显得格外漫长。人们有所不知，五年内死掉的牌子不在少数。这支“花之宝藏”更像是一瓶化石，记录着小众香水的起起伏伏。

---

[1] Parfum（香精）指香水的浓度等级，香精浓度为 15%～25%。

## 关于品牌 JAR

“JAR”是毕业于哈佛大学艺术史专业的珠宝大师乔尔·阿瑟·罗森塔尔创立的私人香水品牌，以其名字的首字母命名，最早一支作品可追溯至 1988 年。“JAR”目前只有五支在售的香水作品，且呈现逐年递减的趋势。

“JAR”在沙龙香水界是一个神秘而孤僻的存在。对于一个品牌来说，“JAR”在制香理念、售卖方式、作品创意等方面都是极端自负且反主流的。比如，它不设官方网站、没有分销商，全球只在巴黎和纽约两座城市的自有香水沙龙里出售。

该品牌的每一支作品灵感都来自乔尔·阿瑟·罗森塔尔本人的旧日生活经历。这些香水大都运用了浓重的东方香材，神秘而馥郁。香水被装在乔尔·阿瑟·罗森塔尔先生亲手设计的手工水晶瓶中，虽然只有三十毫升，其价格却通常在四千至六千元人民币，堪称昂贵。

Golconda
J.JAR's
PARIS

▼

性格

**性感 / 成熟 / 雍容 / 大气**

季节

**春夏**

场合

**约会 / 舞会 / 交际 / 控场**

▼

总　　评　★★★★☆

艺 术 性　★★★☆☆

表 现 力　★★★★☆

创 造 力　★★★☆☆

可穿戴性　★★★★★

▼

香材

**康乃馨 | 玫瑰 | 东方香辛**

▼

官网：JAR 不设官网

Cœur De Noir
Eau de Parfum
BeauFort
London

# 黑暗之心

Coeur de Noir I by BeauFort London

/ 有时选择说谎，是因为就算我说了真相，你也理解不了。/

康拉德（Joseph Conrad）的小说"*Heart of Darkness*"（黑暗之心）的中文版被翻译成了《黑暗的心》，我觉得有歧义。这本小说并不是在说一颗心有多黑暗，而是在探求黑暗这种东西的内核，所以小说并不叫"A Dark Heart"（黑暗的心），它追索的是一种起因。

这本书的故事细节我已经不记得了，但仍旧记得它带给我的震撼。老实说，大多数我们读过的作品细节都终将被遗忘，如果说除细节之外我们再难记得什么，那么这样的书读了也是虚掷时间。而有些作品给你的那种震撼是直击内心深处的，这样的东西将永远都在那儿。

故事很简单：维多利亚时代，英国人在非洲殖民，主要"工作"是搞象牙。在刚果河沿岸的象牙贸易圈里有个响当当的英国商人库尔茨，他能弄到的象牙数量大概比其他所有人能弄到的象牙总和还多，他也因此被英国人视为国家英雄。有一天他失联了，而小说的主角，一个现在已成为老水手的人以追忆的视角，叙述他当年在被派遣去非洲找寻库尔茨的过程中所发生的一切。

初到非洲的好奇心、当地土著的奉承之举，以及英国人在广袤土地上威风凛凛的做派都令这位水手得意扬扬。离库尔茨的踪迹越近，他对于英雄的那种崇拜心态就越盛。一路上不断有人讲述着库尔茨的神通广大与无所不能，以至于他对他的崇拜最终到达了某种美式的英雄主义。然而，随着他越接近库尔茨，越接近真相，事情也越朝着无法预料的方向发展。最终当水手找到了库尔茨，踏入了库尔茨的狡诈、疯狂与错综复杂的纠葛，才明白库尔茨这象牙 KPI 之王的美誉来自抢劫、挑动土著内讧和野蛮征服。

这是一个经久传唱的英雄在年轻人心中彻底陨落的故事，是一群维多利亚时代的殖民“英雄”的集体裸奔。

那位所谓的象牙英雄库尔茨，在最终临死前，口中的遗言竟是“太可怕了，太可怕了”。

他口中的“太可怕了”究竟是指什么东西？关于什么东西驱使他成为彼时的他，什么东西“太可怕了”，每个人会有不同的答案，还留待各位自己去读、去找了。

而真正震颤人心的情节发生在英雄死掉之后。水手不得不替库尔茨处理后事，他回到伦敦，见到“英雄”库尔茨美丽的未婚妻——她单纯、善良、虔诚，估计也热爱戏剧，她爱库尔茨。她追问年轻水手：“库尔茨临死前说的最后一句话是什么？我要靠它活下去，铭记他的遗志。”水手心里翻江倒海，说出了一个重要的谎言，他对库尔茨的未婚妻说：“他临死前说的最后一句话是您的名字。”

"The last word he pronounced was your name."

其实说谎有很多原因，其中比较高级的是：就算我说了真相，你也理解不了。因为你没经历过的一切，大概你也不会懂。

## 第三次试香

第三次试香，试的正是"蒲福伦敦"（BeauFort London）的经典之作——以康拉德小说为灵感的同名香气"黑暗之心"（Coeur de Noir）。我打从心底里感激创作者，因为这支香水的缘故，我阅读了康拉德的多部作品，看完后意识到，穿戴这支香水的人需要有一定的人生阅历。

"蒲福伦敦"的创始人兼调香师利奥·克拉布特里（Leo Crabtree）是一位不错的鼓手，出生于航海世家。在"黑暗之心"这瓶香水里，利奥根据康拉德的故事做出了大胆的想象—— 一个多世纪前，刚果河沿岸的风光到底是什么样的？空气中应该飘散着何样的气息？是酸腐之气，热带独有的潮湿和蒸腾，酒气，墨水气，刚收上来的皮革原料微微发霉的腥臭气，还是岸边腐木和黑火药的混浊气？

这些气味都有，也都没有独立存在。这支香水更像是一场黑色的审判，把那些无法用言语一一厘清的经历、悲痛与反省，借用酸腐的皮革、腥霉的木头和烧焦的土地之味给出一份判决。通常气味的堆砌很容易，但是要有层次地码放，让人感知到紧扣主题的立体空间和氛围却不简单。"黑暗之心"做到了。

"黑暗之心"这支作品的可穿戴性并不高，那些深谙黑暗的个体，可能会喜欢，当然它还需要一个自由的外部环境。然而神奇的是，它能让你在不知道它取材于《黑暗之心》，名字也叫“黑暗之心”的情况下，理所应当地认为它的名字就应该叫“黑暗之心”。

2015 年崭露头角的伦敦沙龙品牌“蒲福伦敦”一直在我私藏的保留名单里，不想分享给别人，也是因为“蒲福伦敦”的香气确实不适合大众穿戴。“蒲福伦敦”的自负和不讨好已经到了登峰造极的地步，对于禁忌材料的模仿能力和大胆运用，都是其他品牌不敢为之的特质。

## 关于品牌 BeauFort London

“蒲福伦敦”的创始人利奥·克拉布特里出生于航海世家，从小生活在泰晤士河的船上，“大海”对他来说代表着传统、信仰与生活方式。

“蒲福伦敦”香水的灵感都是来自英国历史与航海文化，比如他的另一支香水“肘踵之间”( Vi et Armis )，将英国维多利亚时代航海扩张时输出的鸦片、大麻、威士忌和输入英国内的皮革、茶叶、香料做成一支绝世无双的黑暗香气，我还是头一次闻到罂粟花的仿香香气，感觉从艺术灵感到香气质地都很好。

“beaufort”这个单词是风级单位，中文称“蒲福风力等级”，就是我们平常说的六级大风、十级大风的“级”。风是大航海时代的原动力，而大航海是人类最冒险的一场旅程，“蒲福伦敦”的香水共有六支作品，全部都是讲述航海与风的故事。

▼

性格

**猎奇 / 暗黑 / 独一无二**

季节

**秋冬**

场合

**私约 / 非正式聚会 / 自由且彰显个性的场合**

▼

| | |
|---|---|
| 总　评 | ★★★★☆ |
| 艺术性 | ★★★★★ |
| 表现力 | ★★★★☆ |
| 创造力 | ★★★★★ |
| 可穿戴性 | ★★☆☆☆ |

▼

前调

**佛手柑 | 柠檬 | 黑胡椒 | 朗姆酒 | 生姜 | 墨水**

中调

**皮革 | 绒面革 | 薰衣草**

尾调

**雪松 | 焚香 | 烟草 | 桦木 | 焦油 | 劳丹脂 | 香草**

▼

官网：https://beaufortlondon.com

购入：关注微信公号“小众之地 minorite”

LORENZO
VILLORES
FIRENZE
Vintage Collectio
TROPICANA
EAU DE TOILETTE

# 热带风情

Tropicana I by Lorenzo Villoresi vintage collection

## / 香水里为什么藏有欲望？ /

那是在佛罗伦萨的一条距离圣母院火车站非常近的巷子里，我坐在一家小咖啡馆外面喝咖啡。

离我桌子三米开外有一个女乞丐。这个行乞的女人很安静，既不像老妇人行乞那么热情，也不像吉卜赛人行乞那么戏剧化。她只是静静地坐在距离我桌子三米开外的地方，一言不发。地上摆了一个破掉的杯子，即便偶尔有硬币投入，她的神情依然绝望。

我被她深深地吸引了。首先是她的神情，那是一种透露出经济不好的表情。落寞而绝望的眼神；梳得整齐却非常油腻的头发；灰黑、看不出脏净的棉袄；一双非常不合脚的鞋子，透过那宽大的好像是男人的鞋子，能看清女人娟秀的脚型。

我想，如果她站起来走路，想必会一直踩到自己鞋子的侧面。与其说她的神态让我印象深刻，倒不如说是她的脚和鞋子，因为只有非常绝望的人，才会踩着这样的鞋子出门。

这时，一个打扮时髦的女郎从她面前走过，往乞丐的破杯子里扔了一个东西，声音响亮而清脆，那显然不是硬币的声音。突然，我看见行乞者的眼中闪过一丝温柔、有神的光，好像发现了什么宝贝似的。我猜想，那位时髦女郎想必是给她了一个很重要的东西，也许是金子，所以声音会特别响亮。

当行乞者从破杯子里拿出那个东西时，我看到的是一个五毫升大小的香水瓶，一眼就认出应该是来自附近的香水品牌“圣玛利亚修道院”（Santa Maria Novella），简称S.M.N。这个修道院的修女们业余时间会种植一些花花草草，并将用不完的花草制成香。谁知道几百年后，S.M.N竟成了在全球有售的沙龙香水品牌，这个后面我们会说到。

说回女乞丐，她刚刚生起的期待神情转瞬却又黯淡下来，可能因为那只是个空瓶子，里面的香水所剩无几。但她竟然依旧用衣角擦拭了瓶身，将它揣入不太干净的棉袄里，好像怀揣一种奢望。

然后她继续安静地坐在我的三米开外处，绝望地放空，脚上还是那双大码的鞋子。喝完咖啡我就离开了，但在小镇上转悠时，一直忘不了这件事。按照回程的发车时间，我提早一些到了圣母院车站，却越想越不舒服。

离发车还有十五分钟，我掉头往乞丐的方向走去。我给她放下了一支我随身携带的“洛伦佐·维洛里奇”（Lorenzo Villoresi），它来自佛罗伦萨的大鼻子洛伦佐（Lorenzo）先生，当然，也留下了五欧元（我也没什么钱）。

我不敢看她的表情，但当下我心里舒服多了，真的舒服多了。

## 第四次试香

了解“洛伦佐·维洛里奇”的人都知道，他的香水创作是复杂的代名词。他的配方通常含有百种以上的原料，得意之作几乎清一色都是东方香辛，以木香为主线的暗沉香气。

可我们第四次要试的香气，全然不是“洛伦佐·维洛里奇”那些暗沉的东方香型，而是充满热带气息的果香和花香，欢愉但又极其复杂多变的“热带风情”（Tropicana）——来自“洛伦佐·维洛里奇”的“复古系列”（Vintage Collection），它在洛伦佐的作品里可以说是最另类的一支。

“热带风情”完全不给你准备的时间，一开场便是直接的桃子、蜜瓜和热带水果的气味。虽然是果香，但并不是市面上常见的那种甜腻到会使人晕倒的果香——你完全不会感觉到一丝丝腻，只有非常天然逼真的水果香气。然而，当我想多品味几口水果的香气时，它们又马上不见了，接而由丝丝奶香和白花香气顺利接棒，奶香是牛奶加水稀释后的那种寡淡味，白花香倒是非常突出，几乎占据了大半个中调，桂花、茉莉一闪而过，晚香玉和依兰依兰久久不散。最后竟然有丝丝美食感上来，就像是加多了牛奶的巧克力，而不是黑巧克力。

如果你在热带海边买一杯水果白花口味的巧克力甜点，然后一层层地吃下去，经历水果、花香奶油最后到达白巧克力的时候，你就搞懂了“热带风情”。同样青睐于这支香水的还有香水奖项“Flair de Parfum”，颁奖机构总部位于维也纳。“洛伦佐·维洛里奇”凭借这支果香“热带风情”，打败了一众强劲敌手，摘走了 2015 年度香水大奖。

这真的很不像“洛伦佐·维洛里奇”，如果你试过他以往的大作“阿拉穆特”（Alamut）或者“胡椒”（Piper Nigrum）。但这也很像“洛伦佐·维洛里奇”，不论什么香调的作品，都像完美切割的钻石，绝不只有一面。

## 关于品牌 Lorenzo Villoresi

洛伦佐先生于 1990 年在佛罗伦萨创立了自己的同名品牌，距今已有二十九年的历史。早年在中东以及非洲的旅行经历带给了品牌创始人洛伦佐对于香料、香氛产品的全新认识，神秘繁杂的东方元素在他的香水作品中总占有一席之地。洛伦佐于 2006 年在巴黎获得了香水界重要奖项“Prix François Coty”大奖。

在他位于佛罗伦萨的顶楼工作室中，生长着各种各样的绿植，这些植物都是一些常见香料的原株，这样，他就可以带着对经典味道的想象去观察这些植物，去了解香水工业的最原始材料。这也是他获得灵感的重要方式。

另外，洛伦佐在高端家居市场同样具有影响力，上海四季酒店、安达仕酒店以及北京瑰丽酒店使用的都是这一品牌的备品。

▼

性格

**可爱 / 活泼 / 热情 / 单纯**

季节

**四季**

场合

**约会 / 舞会 / 出游 / 户外运动**

▼

总　　评　★★★☆☆

艺 术 性　★☆☆☆☆

表 现 力　★★★☆☆

创 造 力　★★★★★

可穿戴性　★★★★★

▼

前调

**桃 | 菠萝 | 热带水果**

中调

**木兰 | 桂花 | 香瓜 | 牛奶 | 椰子 | 茉莉**

尾调

**依兰依兰 | 晚香玉 | 香草 | 黑巧克力 | 麝香**

▼

官网：https://www.lorenzovilloresi.it

VETIVERUS
EAU DE PARFUM

# 岩兰桂花

Vetiverus I by Oliver&Co.

/ 我欣赏优雅的人，因为我认为克制是最高等级的美。/

我总是试图保持优雅，但我必须承认自己并不是个天赋优雅的人。不过二十五岁前的种种经历，却给了我在优雅这件事上有所收获的土壤，于是我顺势成长，努力变成自己想要成为的样子。

我欣赏优雅的人，我认为克制是最高等级的美。尽管克制似乎是一种虚假的行为，但这种虚假能连通理性，因为情绪不管是好是坏，都会影响思考。

我见过的可称为优雅的人，昂山素季算一个。多年前，我曾与她有过一面之缘，那是在她即将执掌政权时。当时昂山素季以反对党领袖的身份访问新加坡，在一个小型的研讨会上，在座的都是研究亚洲地缘政治的学者，自然有人不看好她，说她“只会纸上谈兵”，“没当家不知柴米贵”，“拿拿和平奖还行，真搞经济不行”。

有人不知道是怀有何种心态，问了这样的问题：“请问你如何看待新加坡的经济发展？新加坡的成功对经济不发达的缅甸来说有什么借鉴意义？”

昂山素季当然感受到了问题中非善意的部分，回答道：“新加坡的经济，特别是金融业发展得非常好。但这么多年来，我们也一直在试图寻找一个答案——就业率是不是我们的全部？物质丰盛是不是我们的终极目标？我觉得不是的，我们要想办法不只成为新加坡，人民的心态也很重要，这一点正是缅甸的优势。”

一席话毕，全场掌声与嘘声夹杂而起，有些人难免觉得这个女人虚假又矫情。她也只是礼貌地笑笑——比起甩脸子或敷衍回答，这是一种很认真的克制。而与一味吹捧新加坡的成功相比，这又是睿智且富有观察力的，因为新加坡模式确实存在很多问题。

两年之后，她的政党已经掌握了政权，被问及涉嫌对罗兴亚人进行种族屠杀的问题时，她的回答仍然是克制的：“我们在清剿极端武装的过程中尽最大努力保护无辜的罗兴亚人。我只是个政治人物，不是特蕾莎修女。”

言下之意，政治的内涵是利益集团，是选民、立场和妥协，不是无差别的爱。

我脸书的封面曾经有很长一段时间用的是昂山素季的一张照片，照片是在当年军方想在议会中占多数席位，昂山素季不肯让步，双方僵持数月，昂山素季百般斡旋时拍下的——一位面带微笑的女士背后，坐着一屋子的粗壮军人，各怀心事。

世人对政治人物多有苛责，可政治本来就不是单纯洁白的。政治就是在利益交换和妥协中达成某种动态平衡，这个过程未必见得了光，且需要极度地克制。所以我会觉得希拉里是优雅的，而特朗普不是。可能对特朗普而言，优雅也不重要。

## 第五次试香

第五次试香，我等来了一个虽属偶遇但必然会相见的优雅气味，来自很年轻的西班牙品牌“奥利弗”（Oliver&Co.）的得意之作“岩兰桂花”（Vetiverus）。

在 2017 年的佛罗伦萨香展上，同事介绍我和奥利弗·瓦尔韦德（Oliver Valverde）认识。这个西班牙年轻人创造的沙龙香品牌“奥利弗”拥有不凡的想象力，自己却长了一张技术宅那种非常内向、寡言少语的脸，还胡子拉碴的。他自己最得意的作品并不是于 2017 年获得德国艺术香水大奖的“琥珀青”（Ambergreen），而是另一支作品——“岩兰桂花”。

我特别好奇他为何如此相信这支香水，毕竟“琥珀青”早已名声在外，但是试过“岩兰桂花”之后，我立刻理解了那种类似父母对自己孩子的信心。虽然皮埃尔·纪尧姆（Pierre Guillaume）在十几年前已经做出了同属脏脏桂花题材的“瑟茜之水”，但是皮埃尔下手还是太轻了。“奥利弗”的这支“岩兰桂花”，把桂花的存在感降到了极限低值，如果再少一分，这恐怕就是一支香根草广藿香了；但如果再多一分，就会太轻易闻到香甜的桂花香气。当一切美好的情绪上来之后，克制的优雅就不见了。

刚刚上皮，它十分辛辣和沉闷。劳丹脂、香根草、广藿香，这些都是极其雄壮的香材，像极了那些用脑思考、用尽全力执行的或许不能见光的事情：比如利益交换，比如妥协。而过了一小会儿，桂花才怯生生地露出一些端倪：那好比是多年灰尘熏蒸下的，一种游丝状的女性气质，但是有极强的存在感和生命力，克制、有礼且优雅。

这一下子让我想到了昂山素季那样的女性，那种固化的形象，那张我曾经用在脸书封面的照片，那句“我只是个政治人物，不是特蕾莎修女”。“岩兰桂花”最可贵的地方也在于此：气味的归宿不是好闻，不是一味地美化和追捧大众喜好；气味的归宿是真切、表达到位，以及知道自己在做什么。

我有很多香水，某一支想要博得我的青睐并不容易，而“岩兰桂花”的确很出挑，在我心里它最能代表优雅和克制，也时刻提醒我成为这样的人。但我要提醒大家的是，沙龙香并不区分男女香，正如芦丹氏所说，“香水的性别是由使用者决定的，而不是调香师”，所以“岩兰桂花”不只是优雅的女性，同样也是优雅的男性。

当我们谈论起脏脏的桂花，而不是单纯的桂花时，或许还有很多支不及岩兰桂花有创造力但仍属别致高雅的作品，比如“通用香氛”（Parfumerie Generale）的新香“5.1 号麂皮桂花”，比如“安德莉·普特曼”（Andrée Putman）的广藿桂花香“大人物”（Formidable Man），都值得一试。

## 关于品牌 Oliver&Co.

这个品牌由奥利弗·瓦尔韦德在 2009 年创立于西班牙的马德里，“奥利弗”的灵感来自古代炼金术符号，而炼金术作为一种神秘、未知的技术，总是吸引着人们不明就里地崇拜。

“奥利弗”的主理人兼调香师奥利弗·瓦尔韦德又被称作是“香水世界的局外人”。他在调香的过程中往往不受职业限制，无视长期形成的审美标准，也视香材的成本于无物。他只按照自己最真实的冲动想法，将抽象的意念付诸一瓶瓶香气中，满足自己创造的欲望。

▼

性格

**优雅 / 持重 / 经历 / 透彻**

季节

**秋冬**

场合

**办公室 / 会议 / 谈判 / 差旅**

▼

总　　评　★★★★☆

艺 术 性　★★★☆☆

表 现 力　★★★★☆

创 造 力　★★★★★

可穿戴性　★★★★☆

▼

香材

**香根草 | 桂花 | 丁香 | 苦橙 | 皮革 | 芫荽 | 广藿香 | 劳丹脂**

▼

官网：www.oliverandcoperfumes.com/es/

Miya Shinma

# 月

Tsuki I by Miya Shinma

/ 直到我发现，自己不是那个洒脱的成年人。/

从巴黎飞回北京这条航线，比去的时候要少一个小时。晚上八点起飞的航班会迅速经历日落，再迅速迎来日出，时间过得就像裁弯取直的成年人。在飞机上一路无眠，看看晚霞又看看朝霞，看看自己不那么喜欢的电影，脑子里想起因为他在巴黎从来不看红灯，所以我为了挑衅他这个在我看来不好的毛病，就会在路口主动吻他直到红灯变绿，这样他才肯屈服于我的迂腐。

或许这次见面，也是他生命中一个奇妙的当口儿——工作不顺利，又处在刚刚与前女友分开的郁闷中。于是我需要更加细致地对待这个巴黎前男友，希望他能重新振作并且找到自己想要的生活。

不知道从什么时候起，我开始称他为巴黎前男友，我想这个称谓里最多的情绪大概就是无奈了。我们深深被彼此吸引并且几年前曾一度很努力地尝试消除身在两地的不利因素，做一对异地恋情人，但这确实很累。虽然巴黎离北京已经够远了，但他当时并不在巴黎，他在南法图卢兹附近的一个小城念书，我去找他一次大概得花二十四个小时。到最后我们都乏了，于是我很洒脱地抱着那种释怀的语气说："那不然我们约定这样一种关系吧——我来巴黎的时候你好好款待我，就像真正的恋人那样。"他同意了，我也假装很释然。我的闺密很羡慕我跟他的关系，说这是成年人的洒脱，一种即使骤来骤去也尽管享受的安然无恙。我挺同意，也挺得意的。

我在飞机上又想起这次在巴黎的一个拍摄工作，大大小小换了好几个场景、好几套衣服，他充当起小助理的角色来，也是毫不输给我真正的助理。这还让我想起有一年他来北京看我，正好赶上入冬后的第一场大雪，那些雪花好像拥有埋葬一切的勇气。我在那场大雪里被他拉去慕田峪长城，成为最后一批在长城封园前进入的游客，于是我们拍到了一辈子都不曾想象过的被雪埋葬的长城，美好而朴素。

恍惚中想起我跟他的事，我就在飞机上睡着了。等我再睁眼的时候，乘务员已经准备发早饭了，航程结束了。

落地后一打开手机便收到很多条他的短信，大意是说昨晚送我离开之后接到前女友的信息，昨晚留宿在她家，现在一早出来了，对方决绝地选择跟他彻底分开，他心里非常难受，不知道应该对谁说。

我装作一个洒脱的成年人安慰着他，试图把爱情的衰老曲线掰开揉碎地展示在他面前。但是我心里无比刺痛，我越是装作理性而洒脱，就事论事，心里就越刺痛。我知道昨晚八点过后，飞机起飞的一刹那，他就不必在意我的感受了，他作为一个单身男士可以做任何不违法的事，在我们的关系里他是彻底自由的；也明白飞机起飞的一刹那，他就不再是在我身旁陪伴我、照顾我的那个绅士，而是巴黎前男友了。

其实连我自己都不知道，内心在刺痛什么，我自认为自己是独立、坚强，什么都能读懂、什么都能接受的新时代女性，却又为什么要在机场号啕大哭呢？

我想，也许是单身状态和忙碌的事业带给我太多果决和洒脱，让我误以为自己不必长情、不必痴缠，误以为自己能够理智拿捏情感分寸、慎重投入、做出有益于双方的最优决定，直到那一刻我才发现，在挚爱的人面前，我并不是那个洒脱的成年人，所以我哭了。

## 第六次试香

第六次试香，有一轮与众不同的月亮，正以一种狡黠的陪伴，陪伴着等待爱人的人。新间美也（Miya Shinma）创作的“月”（Tsuki）真正称得上是一支别致的“月亮”。

过往“月亮”主题的香气，一律都逃不出柑橘香材的酸酸甜甜和花香的圆润美好，这大概是因为“花好月圆”是调香师做月亮主题香气时的起心动念吧。

但新间美也的“月”不是冲着花好月圆而来。这支香水的灵感来自《百人一首》中素性法师所作的一首诗：“夜夜盼君到，不知秋已深。相约定不忘，又待月西沉。”诗里的情愫很浅显：不是花好月圆，而是所有陷入爱情之人，那种不安又充满期待的复杂心情。

在日本出生的巴黎调香师新间美也，以其独特的日式禅意创作令她的香气明显有别于本土创作者。拥有在法国学习的调香技术和受日本文化的熏陶，使得她在两者之间搭建了一座桥梁，并将这种融合完美地呈现在香水之中。“服从艺术，服从自然”，这是属于新间美也个人风格的香水哲学。她的香水喜欢从日本的自然风物中汲取灵感，在极好的穿戴性中做一点微小的创新，绝不大刀阔斧地调整。每支新间美也的作品都有一味从日本远道而去的香料，这支“月”含有的日本香材是竹子，清苦中带着丝丝绿意，随风浮动时仿若有清香拂面。

“新间美也”的“月”象征着在无尽的月光下等待爱人到来的痴情者，心也变得像粉尘一样易碎。其中天芥菜的加入增添了这样的粉质感。树莓的存在则稳稳地把酸甜感立于前调还有中调，酸甜掺杂的香味拟作恋爱中忐忑不安的心情，酸楚得令人上瘾却又甜得让人忍不住憧憬。到最后，玫瑰、茉莉等花香反倒变得最不重要，完全隐匿于树莓的酸甜和竹子的青绿之间。香气上身的那一刻，人眼前仿佛真真正正地看到一片满月夜的青绿竹林，有谁在那里一心一意地等待着不知道那个谁，既不洒脱也不成熟，痴情而且幼稚，却令所有观者动容。

新间美也的这支“月”，就是我最向往成为，又最害怕成为的爱情里的模样。

## 关于品牌 Miya Shinma

巴黎日裔调香师新间美也师从 Cinquième Sens[1] 的创始人莫妮

[1] Cinquième Sens 是一个 100% 的女性团队，一个创作、动画、咨询和专业培训中心，因其在香水方面的专业知识而得到法国、美国等国家的认可。

克·菲舍林格（Monique Schelinger），并在1998年创立了自己的同名香水品牌，至今已有二十一年历史。

新间美也的香水不但入驻巴黎知名的百货公司“美好市场”（Le Bon Marche），独特的巴黎日式风格也风靡了世界各地，各国媒体则争相报道这位才华横溢的女性调香师。俄罗斯前第一夫人柳德米拉便是“新间美也”的忠实拥趸。

新间美也除在调香领域工作外，还撰写了许多本关于香材与香水的书籍，前爱马仕（Hermès）香氛部门掌门人让－克罗德·艾利纳（Jean-Claude Ellena）的《调香师日记》日文版，也是在新间美也的监制下完成翻译的。

“夜夜盼君到，不知秋已深。相约定不忘，又待月西沉。”

▼

性格

**清新 / 甜美 / 单纯 / 诗意**

季节

**春夏**

场合

**约会 / 远距离恋爱 / 暧昧 / 旅行**

▼

总　评　★★★★☆

艺术性　★★★☆☆

表现力　★★★★☆

创造力　★★★★☆

可穿戴性　★★★★★

▼

前调

**竹子 | 树莓**

中调

**玫瑰 | 茉莉**

尾调

**檀香木 | 天芥菜 | 麝香**

▼

官网：https://www.miyashinma.fr

购入：关注微信公号“小众之地 minorite”

# 神圣交合之她

Fusion Sacrée Elle I by Majda Bekkali

## / 什么样的爱才需要勇气？ /

梁静茹的《勇气》可能是中国普及度最高的歌之一了，我们对歌词的熟练程度大概就像小时候背诵“白日依山尽”那样顺畅，自然而然地脱口而出：“爱真的需要勇气，来面对流言蜚语。”

这歌词乍听之下会令你不住点头，心领神会，但只要稍微琢磨，就感觉不太对劲：什么样的爱才需要勇气？什么样的爱会招致那么多的流言蜚语，以至于“我们都需要勇气，去相信会在一起”？

这样的爱情，细想想好像真的不普通。

与某位友人吃饭，他是昔日备受瞩目的名流，今日位高权重，事业做得风生水起。跟他吃饭向来都很聒噪，自己也变成另一个自己。也不知道某个环节触动了什么，他忽然说：“我最近正跟某某基金的老大在谈地下恋爱，辛苦得要死，说也不是，不说也憋得慌。”然后我就认真地八卦了一番他们的恋情。因为那个“老大”真的太有名气，谁都说得出跟他的一些会面或者瓜葛。

这个话题素材将尽时，我们看着彼此的眼睛。我不知道他看到了什么，反正我看到了一种落寞，仿佛是说：“不管做了多大的努力，依然不能抵御捕风捉影和流言蜚语的力量。唉……”

另一件事，也让我印象深刻。因为我有过一段被打扰的婚姻，所以一直以来，在朋友间都扮演大老婆代言人的角色。时间久了，那些不论是做了第三者的还是婚内出轨的朋友，都不愿跟我聊起“感情困顿”之类的话题，因为我每次都只有一句“活该”送给他们。

我知道CR女士在跟有妇之夫谈恋爱，但我从不主动提，她也不主动说，反正就那么继续当着还不错的朋友。有天我们几个朋友相约在酒吧喝酒，后来其他人先走了，就剩我俩。她中途出去接了个电话，然后又跟老板点了一杯威士忌。当我发觉她说话已经开始有点不利索时，就想劝她别再喝了，结果倒起了反作用，她又连干了两杯。我阻止老板继续给她酒，然后她开始大哭不已、情绪失控地走向洗手间。本想让她自己待一会儿，但过了十几分钟她还不回来，我担心她在洗手间里摔跤，就也跟过去了，守在她的隔间。我听见她一边吐，一边低声哼哼，吐完了她应该是拨通了那个男人的电话，大声质问对方：“你为什么不能离婚？！你为什么不能离婚？！你告诉我啊你为什么不能离婚？！”接着又开始号啕大哭。

我见她没什么事，便回到座位等她，假装什么都不知道。过了一会儿她回来了，随后一个男人来接她，我把她扶上车，望着驾驶座上那个男人狼狈的背影，我突然就释怀了。说不清楚是什么样的感受，我只是不想去做那个传播流言蜚语的人，我想当一个安静的朋友，不带什么情绪，对此没有任何评价。

什么样的爱才需要勇气去面对流言蜚语呢？现在想想，有些简单的歌词真是细思极恐，道尽了人间不凡。

## 第七次试香

第七次试香，我选择的是来自巴黎小众品牌“麦基达·贝卡利”（Majda Bekkali）的代表作之一——“神圣交合之她”（Fusion Sacrée Elle）。“神圣交合”顾名思义需要两方，所以有两支香水组成交合的双方，我选的是“她”（Elle）这一支，另一支是叫“他”（Lui，这听起来颇具异性恋沙文主义）。

“神圣交合之她”是一支非常像《勇气》的香水，就是那种如果你漫不经心地闻起来它是非常平易近人、易于理解甚至是流于一般的，但如果你要是有天深究起来，它可真是道尽不凡般地复杂、细密。

初试这支香水的时候，我觉得这仅仅就是一支甜腻有余而青绿不足的无花果香气：甜甜的无花果汁液浸润了各种花香，然后呢，就没有然后了。但当你耐着性子把它喷洒在空中、床单上或者穿在自己身上的时候，就好像你将剪好的窗花从折叠状慢慢打开，感受到香气从扁平变得立体，从单纯甜腻变得复杂至极。

首先是美食感，而且是那种奶油和水果含量都很高的美食，比如无花果面包。然后你会发现有一些特别清透的东西，仿佛是将无花果面包放在一个浅绿色底的盘子里，盘身细密、透光性强，就是用黄光一照会玲珑剔透的那种。然后你觉得这个盘子里除了无花果面包外，似乎还点缀了星星点点的黄糖、巧克力，或是其他口味的酱料，总之非常可口。从中调开始，一种苦甜苦甜的气味不知从哪里钻了出来，像可可豆或者烘焙得比较轻的咖啡豆，让人充满了幸福感。然后不会再有明显变化了，无花果面包配着轻烘焙的咖啡，安安稳稳地直到最后。

这支香气的性别值[1]非常低，算是一款女性化程度很高的香水。初闻单纯的香甜里，几乎蕴藏着涵盖了全部香料家族的各式香材，不但有馥郁的外表，还有复杂的内核。通常这样的香气也具备超长待机属性——留香时间尤其长、投射度特别高，以至于五米开外都能闻到。当然，这种香气明显不适用于办公室和通勤。我最常用到它的地方是床单和枕头。如果你有伴侣，那么我更加推荐你使用它作为床笫之香，因为它会令你变得——嗯——十分可口。

## 关于品牌 Majda Bekkali

由麦基达·贝卡利女士于 2009 年在巴黎创立的同名沙龙香水品牌，强调自由表达和所谓的“关于香气的雕塑”。其堪比雕塑水准的复杂且具有美感的香水瓶，以及层次分明、气味立体的香水液体，都属于气味雕塑的内涵部分。

从 1989 年到 2009 年的二十年间，麦基达·贝卡利女士一直在传统

[1] 香气的性别值从 0—1，分值越高越偏向于传统意义上的男性化香型，反之则是女性化的香型。香气本身是中性的，性别取决于使用者。

的香水行业为很多奢侈品香水品牌服务，从事香气构思设计、产品经理等工作。但她认为这样的工作牺牲了作为香水创造者的创造力和能够自由创作的土壤，于是，她毅然离开奢侈品香水产业，创立了属于自己的艺术香水品牌。麦基达·贝卡利擅长与独具特色的视觉艺术家、嗅觉艺术家合作，创造深具品牌风格的艺术香水。目前该品牌共推出了十二支作品，其中装在水晶艺术香水瓶中的雕塑系列尤其为人称道。

▼

性格

**柔软 / 轻语 / 丰富 / 难以捉摸**

季节

**秋冬**

场合

**恋爱 / 床笫 / 舞会 / 社交**

▼

| | |
|---|---|
| 总　　评 | ★★★☆☆ |
| 艺 术 性 | ★★☆☆☆ |
| 表 现 力 | ★★★☆☆ |
| 创 造 力 | ★★★★☆ |
| 可穿戴性 | ★★★★★ |

▼

前调

**咖啡 | 香柠檬 | 芫荽 | 大黄 | 黑醋栗 | 柑橘**

中调

**无花果 | 栀子花 | 橙花 | 晚香玉 | 茉莉 | 丁香 | 面包**

后调

**加拿大冷杉 | 香草 | 天芥菜 | 雪松 | 麝香 | 广藿香 | 安息香 | 龙涎香**

▼

官网：http://sculpturesolfactives.com

# 沉香女王玫瑰

Aoud Queen Roses | by Montale

/ 你是受害者，也是加害者，这就是生活。/

有一天，当我开车快要到公司时，打了转向灯准备右转弯，我明明看了一眼后视镜确认没车，却突然不知从哪里冒出一辆外卖小哥的电动车，他打算从机动车道直行。我猜想刚刚我在看后视镜时他就在我车后，所以我才没看见他。

我要右转，他要直行。虽然我们都迅速急刹车，但他电动车的前轮还是擦到了我的前门。我下车看他人没事，我的车也没事，我们就各自离开，说不上愉快但也不至于黑脸。

我家附近有一个需要等候特别长时间的红绿灯，通常我会趁等灯的空当订早餐，等我到办公室，早餐也就到了。

当我停完车上楼，看到办公室门口正站着一个送外卖的小哥，居然就是他。我们刚刚才分别过，又见面略显尴尬。

我打趣道："辛苦你了，冒着生命危险给我送吃的。"他没说话，腼腆地笑了笑。他越是腼腆，我心里越不是滋味。

那天，外面飘了点小雪花，挺冷的，外卖小哥穿着厚棉衣，走起路来特别像熊，擦擦鼻涕又出发去送下一单。

我心想，如果刚才他由于违章骑车被我撞死了，我该怎么办？首先，我是个受害者，我没有任何违反交通规则的行为；其次，我又是个加害者，如果我直接去家门口早点摊吃早餐，他也不用大冬天来我办公室一趟。

朋友说："你想多了。你只是订了外卖，享受了生活的便利，没有让他以违反交通规则的方式送过来，在半路出事故是他的事。"

我倒不这么想。外卖小哥一单收我三块钱送餐费，甚至大多数时候我都不用付送餐费。实际上，我是在逼他们只能用最低廉的运输方式把饭送给我。

我的便利是有代价的，这种代价增加了社会的运行风险。而恰好在那一天，我亲身享受了这个代价，这让我觉得，矛盾地活着可能是这个时代城市生活中的一种常态——你是受害者，亦是加害者。

## 第八次试香

第八次试香，遇到了"沉香女王玫瑰"（Aoud Queen Roses），来自毁誉参半的法国香水屋"蒙塔莱"（Montale）。"蒙塔莱"的坏名声来自无限量地使用沉香，以此无休止地满足中东多金人士的喜好与诉求，从而失去了香水创作本来的多样性。然而我对它的好感却也来自此：它几乎尝试过每一种沉香与其他香材的组合，用一种高香精浓度的方式——

有时能给人带来意外惊喜，毕竟他们太常摆弄沉香了，总会出现几个好作品，但大多数时候还是带给人惊吓。

这支“沉香女王玫瑰”就是好作品之一。与一般的沉香玫瑰香水比起来，这支香水多了一丝冷峻感，而就是这一丝冷峻，或者说是冷傲，将它跟其他沉香玫瑰香水的神秘、暗黑、成熟等特质彻底隔绝开，做到香如其名：女王。但这位女王虽有母仪天下之势，雍容华贵之态，周身绫罗绸缎，骨子里却是个文艺青年，熟读哲学、历史学、社会学、人类学，她对人性了如指掌，内心蔑视宫廷礼仪和一切皇权，甚至包括她自己。她希望包裹在绫罗绸缎中的身躯和心灵，是超越皇权、超越一切人和事，甚至是超越人类本身的。她渴望被仰望，但不是因为自己的女王身份，而是另一种原因。

自 2011 年开始，沉香这种来自亚洲的香材，由于中东人的偏好而被沙龙香水界广泛关注和使用。天然沉香具有像木、像草又像烟的独特气味体验，这也是它作为一种香料被广泛追捧的原因。除掉天然沉香之外，各大香精公司也都研制出了模拟沉香气味的合成原料，价格比天然沉香更便宜，也使沉香气味可以应用在不那么昂贵的香水作品里。

天然沉香是瑞香科树木受外伤时分泌出的一种自我保护的树脂，树脂与树木经年累月地黏合、堆积，形成了天然沉香料。但人类没那么有耐性，因为需求量极大，目前天然沉香的生产已经种植园化，真正野生的沉香香精几乎是不存在了。在亚洲几个知名的沉香种植园里，如老挝、越南、印尼等地，树木们每天被迫受伤以此刺激树脂的分泌。而售价不菲的天然沉香香精被添加进各种高级香水，陶醉着你、我、他。

“沉香女王玫瑰”的冷峻之美离了沉香行不行？美不美？答案显而

易见。

美是确凿的，残酷也是确凿的，我想这也是我们存在的常态，亦是人性的一部分。或许对残酷的最大忏悔，就是懂得欣赏和珍惜美吧。

## 关于品牌 Montale

“蒙塔莱”是由久居中东的法国人皮埃尔·蒙塔莱（Pierre Montale）于 2003 年在巴黎创立的。皮埃尔·蒙塔莱曾在中东生活了二十多年，并为欧洲王室提供制香服务,因此,他对阿拉伯世界的珍稀香料如数家珍。

皮埃尔·蒙塔莱最钟爱的香料便是沉香。他也将自己对沉香的爱带回法国，并把这种香料介绍给了法国调香界。除了沉香外，阿拉伯世界钟爱的馥郁香材，如焚香、琥珀、玫瑰、香辛、雪松等，也是他想要融入创作的香料元素。

“蒙塔莱”是一个非常高产的香水品牌，在品牌创立的十六年间，共推出了近一百四十支香水作品，其中大部分都包含沉香原料。因此，该品牌也被称为“西方世界里的沉香大使”。

▼

性格

**性感 / 不凡 / 女王**

季节

**四季**

场合

**约会 / 舞会 / 朋友聚会 / 夜会**

▼

总　　评　★★★☆☆

艺 术 性　★☆☆☆☆
表 现 力　★★★☆☆
创 造 力　★★★★☆
可穿戴性　★★★★★

▼

香材

**玫瑰 | 沉香 | 皮革 | 木槿 | 广藿香**

▼

官网：https://montaleparfums.com

# 京都之城

Citta di Kyoto I by Santa Maria Novella

/ 喜欢你略带歉意的样子。/

城市里存在很多有趣的人际关系，司机与行人就是其中微妙的一对。

我记得有一次在巴黎乘出租车，刚一上车就发现司机口无遮拦，从讲冷笑话搭讪到骂遍政治时局，我跟同事也只能尴尬而不失礼貌地微笑，不想搭理他。

我们的车行至一个路口，有人行道但是没有红绿灯。远处一位衣着美好、打扮入时的女士踩着高跟鞋正在过马路。通常司机都会让行人先过，这应该没什么可说的，但那位女士踩着高跟鞋又想保持优雅的姿势，很可能把人行道当成了 T 台，走得略显招摇，所以司机的心烦都写在脸上。仔细想想，如果是因为"时间就是金钱"的话，那他完全没必要愤怒，因为这个时间的金钱是我来埋单。因此，我也不知道他出于何故（可能就是单纯地看着不爽），摇下车窗大喊道："你再走慢一点没关系呀，就当在度假。"然后，摆出一副法国人经典的无奈姿势：双手摊开在胸前，嘴里吐着气。

我想这种微妙的关系不仅仅发生在出租车司机和行人之间，也反映在不谙就里的任何两个城市个体之间，而这恰恰就是我喜欢东方城市的原因。

我记得之前在台北生活的时候，在地铁上如果前面的人因为不小心一个踉跄踩到了我的脚，我会下意识地先说“对不起”，并不是人们开玩笑时“对不起，我硌到你的脚”的那种矫情语气，而是“没关系我知道你不是故意的，我也很抱歉造成你的困扰”。如果你在台北街头过马路，通常会发现行人总是慌慌张张，充满歉意，觉得不好意思占用司机的时间，希望尽量快速通过好让车子通行。而开车的司机也大多很有耐心，等到最后一拨行人通过后，再加速穿过斑马线。

我一直认为这是一种特别好的行人的心态，你可以说它是一种同理心，即我知道我有路权，但我仍要尽可能地减少因为我行使路权而给别人造成的时间困扰，而不是一副“老子就是有路权，我横在路中间喝个下午茶再走都与你无关”，或者“整个城市都是我的 T 台，你看什么看”的狂妄。最简单的路权如是，其他权利也如是。这是一种因为笃定而带来的温柔，更是社会和解和相互靠近的善意。

## 第九次试香

第九次试香是盲试的，当时我在佛罗伦萨的圣玛利亚修道院（Santa Maria Novella）的沙龙里闲逛，坦白地讲，我对这个品牌的香水没什么兴趣，因为它大部分的作品都太简单了，不符合我对气味新奇、富有艺术表现力的要求。我说："你们有没有有创意的作品，拿出来试一下？"店员说："有，你试试这个。"

我拿过试香纸，第一感觉就是气味非常复杂，仿佛混沌不清地团成一个球。但能感觉到，如果一层层拨开这个"洋葱"的皮，会有意想不到的收获。那种气味给人的感觉是非常有力量的，但是它把力量克制住了，取而代之一抹温柔。

"太精彩了！它叫什么名字？"

"Citta di Kyoto。"（京都之城）

"完美！对了！"

为了纪念意大利的佛罗伦萨与日本的京都结成姊妹城市四十周年，圣玛利亚修道院在 2005 年推出了这支香水作品。以佛罗伦萨的象征鸢尾花和京都经典的白色莲花作为意象主题，用一种"棉絮其外，花海其中"的独特结构形成了外表内敛、温柔、细润，内里却馥郁、多彩、坚实的有趣气味表达，是一种非常有新意的创意。

气味外围包裹的柔软棉絮，鸢尾花和鸢尾根的粗颗粒质感，琥珀的雾面质感，以及依兰依兰的油膜状质感都是功臣；而随着时间的推移，棉质外壳被一层层剥离掉，展现在鼻尖的是我们最意想不到的，五彩斑斓的花海内馅，竟然藏有玫瑰、风信子等有色花香；茉莉、莲花等清冽的白花香；甚至还有李子、桃子、山楂等颜色鲜艳的水果香气；焚香和肉桂的气味时有时无，渐渐跟果香的甜融为一体。这还没完，一个小时过后，气味开始走向尾调的前端，一众木香蜂拥而至，让这场剥洋葱式的试香再次回归安宁，不再有波澜。

剥洋葱式的香气体验固然美妙，但坦白地讲，“京都之城”打动我的仍旧是那个传神的棉质柔软外壳。那种香气投射出的谦卑感神似形体上的卑微感，仿佛看到一位路边小店的老板正在以 90 度鞠躬跟你道别——这一幕对于热爱京都的人来说真的再熟悉不过了。

## 关于品牌 Santa Maria Novella

品牌全名是“圣玛利亚修道院香水及药房”（Officina Profumo-Farmaceutica di Santa Maria Novella），位于意大利佛罗伦萨，官方记录的创立时间为 1612 年，至今已有超过四百年的历史。但最早出产草药类产品可追溯至 1221 年。

1221 年，一群来自西班牙的修道院修士和修女在佛罗伦萨圣玛利亚修道院的庭院里种植草药，然后将其加工成天然芳香产品，提供给需要的信徒使用。此后因为其用料天然，制药技术优良而屡次获得公爵的嘉奖，并开始走出修道院成为公开出售的香水、香氛及护肤、保健产品，并在圣玛利亚修道院旁开辟了门店进行销售。

这个品牌因其优良的制香技术、天然的原料，以及制作护肤品的丰富经验流传至今，成为佛罗伦萨知名香气及护肤品药房品牌之首。其中香水更是继承了从 1533 年至 1940 年的数十个经典配方，并辅以部分现代香水创意，是传承与创新的典范品牌。

▼

性格

**内向 / 利他 / 文静 / 固执**

季节

**春夏**

场合

**旅行 / 独处 / 冥想 / 阅读**

▼

总　　评　★★★★☆

艺 术 性　★★★☆☆

表 现 力　★★★★☆

创 造 力　★★★★☆

可穿戴性　★★★★☆

▼

前调

**茉莉 | 风信子 | 依兰依兰 | 香柠檬 | 橙子 | 山楂 | 玫瑰**

中调

**薰衣草 | 鸢尾 | 莲花 | 桦木 | 肉桂 | 桃子 | 李子 | 柏树**

后调

**檀香 | 广藿香 | 愈创木 | 雪松 | 琥珀 | 麝香 | 香草 | 焚香**

▼

官网：https://www.smnovella.com

# 阿乌迪无花果

Figue-Aoudii I by Maison Incens

/ 德州扑克牌、冲浪、马拉松、肯尼亚，你必须做点什么？ /

以前在金融业工作的时候，同事们的聚会不知从何时起变成了言必说打德州扑克牌。仿佛你要是不热衷或者提议做别的，就不太适合从事这个行业了。甚至传言老板会在与员工打德州扑克牌的过程中检验对方是否有演技，有抗压能力，懂得止损以及有没有胆量冒险。无从求证这是否属实，但听上去却有几分可信度。

我喜欢冒险，出国玩的时候偶尔也会去赌场试试手气。但我无法享受具有如此多种功能的同行德州扑克局，所以渐渐地，同行们也就不约我了。

我有一个女性朋友，她交往了一个阳光帅气、爱运动的男朋友，我们都对她表示羡慕，甚至嫉妒。但是他们之间有一个问题：我这位女友不喜欢运动，尤其害怕冲浪。她试过两次，几乎命丧大海。但是，她的男朋友最喜欢的运动就是冲浪，而且热衷于在社交媒体上分享他冲浪时的英姿。因此，他希望女朋友能跟他一样热爱冲浪，且这一诉求日趋明确。朋友说："他觉得只有同样勇敢、英姿飒爽的女人才配得上他。"于是，我的这位女友也开始效仿，偶尔发一张自己站在冲浪板上摇摇摆摆的照片，看上去像是在享受乘风破浪之威武，但她的表情无情地出卖了她。我们太了解她了，她完全不喜欢冲浪，只爱躺在岸边吹吹海风、看看书，闲暇时做美容或美甲。果然，没过多久，这段看上去令人艳羡的恋情结束了，这个女生朋友终于又能在朋友圈发她刚做的指甲了。

我有个在银行工作、专门负责招待大客户的男性朋友，由于工作性质的原因，他不得不把业余时间也贡献给这些大客户。有一天看到他发朋友圈，内容是去台北参加马拉松比赛。感觉他这个决定还挺新奇、积极向上的，所以毫不犹豫地给他点了个赞。从那之后，他便一发不可收拾，开始参加世界各地的马拉松比赛，俨然一个深度马拉松爱好者。最近我们一起吃饭时，他说他的一批大客户都是马拉松爱好者，即便他跑步与否与生意成败之间并没有什么关系，但他还是害怕在自身兴趣和"看上去阳光健康的生活态度"上失去"自己人"的感觉，实际上他烦透了马不停蹄的奔跑。我问他打算拿跑马拉松的时间做什么，他表示自己很喜欢收集红酒标，最近想游览世界各大产区收集酒庄的酒和酒标。

就像天不可能永远下雨，你也不可能永远欺骗自己，去拥抱那些不属于你的爱好。没有任何事是你必须去做的，不论那些事看起来多么时尚、阳光、高级，甚至正确。相反，如果是你真正想做的事，那么不论这件事看起来是多么小众、可笑或者没有前途，只要不会让你失去自由，都值得去做，而且你会做得很好。

如果你不信，我就是最好的例子。

## 第十次试香

第十次试香，这支香水的作者比我更懂得上述这个道理。来自南法深山里的香气艺术家菲利普·康斯坦丁（Philippe Constantin），2016年他创作了一支名叫“阿马迪无花果”（Figue-Aoudii）的香水作品。当时是在米兰的香水展上，跟大家想象中的时装周不一样，来参加香水展的每个人的鼻子都是“精疲力竭”的，因为平均每人每天至少要闻两百种味道。就在我感觉嗅觉已到极限，想回饭店休息的时候，我试到了菲利普·康斯坦丁的作品“阿乌迪无花果”。通常果香是不与沉香搭配的，因为果香太轻，尤其是无花果、苹果、桃子之类的香气元素，它们浮在香气表面，很容易就挥发殆尽。因此，更多时候它们是作为某支清新调或花香调香水的前调出现。香如其名，沉香这个东西是非常持重的，它徘徊在香气的底部，像木、像草又像烟，还带有类似广藿香之类的药剂感。在沙龙香水中，沉香最常和木香、东方香辛料或者花香搭配。很少有调香师尝试将沉香与果香搭配在一起。这两种味道距离太远，而味道不能融合就很容易分层。

但是菲利普没管这些，他的创作灵感源自他父亲的一本小说。菲利普是摩洛哥后裔，他的父亲是一名作家，写过一部玄幻小说，讲述了一个发生在虚无大陆阿甘尼斯（Artganis）上的故事。于是，菲利普从小就萌发了给小说中的每个主要人物创作一支香水的冲动，而这支“阿乌迪无花果”就是献给小说中帝国里最伟大的调香师卡利斯塔（Kalista）的香水。因为香气是生活在阿甘尼斯大陆上的人们唯一的沟通方式，所以卡利斯塔是掌管语言的具有无上权威的人，同时他又是那么美艳动人。

于是，你能在“阿乌迪无花果”中试到两种截然不同属性的气味所形成的碰撞：卡利斯塔五彩斑斓的美丽，甚至是甜美，仿佛让你沉醉于一片无花果园，但稍过几秒，极具攻击性和权力感的东方香辛、木质香气就逐渐统治你的鼻腔，从甜美到持重，悄无声息地过渡，好像不曾真的发生。待香气稳定后，你将持续感受到一股深紫色的妖媚统治力，就像是东方不败吧，某导演镜头下的东方不败就特别适合。

原本过轻的果香和过重的沉香，就这样被黏合在一起，成了一个整体。当然充当黏合剂的鸢尾根和紫罗兰功不可没，这是非常巧妙的组合，因为紫罗兰和鸢尾根都是经典的粉质感香材，具有明显的颗粒状香气，就像我们平时用的散粉一样。这些粉状颗粒悬浮在果香与沉香之间的空隙里，充盈了整个结构，这种精妙的技术结构出自法国名不见经传的调香师让－克罗德·吉戈多（Jean-Claude Gigodot）之手。让我在米兰香水展试香过后久久不忘。

## 关于品牌 Maison Incens

“茴香屋”（Maison Incens）由法籍摩洛哥裔调香师菲利普·康斯坦丁于2013年在法国创立。他将自己的香水比作流动的盛宴，用隐形的、波浪状的气味冲击使用者的感官和心灵。成立六年推出十四支作品，在不牺牲日常穿戴性的前提下，每一支香气都能让人轻而易举地感受到其中的另类灵感。

“我把‘茴香屋’定义为小众香气。对我来说，那意味着真实、原创、工艺、独特，以及与主流背道而驰。小众应该是关于与众不同，关于脱颖而出——而这些正是我尝试提供给大家的。”品牌创始人菲利普·康斯坦丁这样阐述自己的理念。

“他将自己的香水比作流动的盛宴。”

▼

性格

**沉稳 / 老练 / 女王 / 控制**

季节

**秋冬**

场合

**约会 / 办公室工作 / 商务谈判 / 舞会**

▼

总　　评　★★★★★

艺 术 性　★★★★☆
表 现 力　★★★★★
创 造 力　★★★★★
可穿戴性　★★★★★

▼

前调

**无花果 | 香柠檬**

中调

**紫罗兰 | 依兰依兰 | 鸢尾根**

后调

**沉香 | 檀香 | 琥珀 | 麝香**

▼

官网：https://www.maison-incens.com
购入：关注微信公号“小众之地 minorite”

# 大麻之香

Cannabis I by il Profvmo

/ 我买了人生中第一本盗版书。/

前年，巴黎沙龙香“帝国之香”（Parfum d’Empire）的创始人送给我几瓶他的得意之作，其中一瓶叫“阿兹亚德”（Aziyade）的香水令我非常困惑，明媚的柑橘香气加上土耳其香料市场里的味道，甚至还有大剂量的孜然和黑胡椒香气，可穿戴性几乎为零。为了弄懂这瓶香水创意的原委，我特意做了一番调查，先是发现了“阿兹亚德”是一部小说的名字，继而发现这本书的作者皮埃尔·洛蒂（Pierre Loti）。原来这是洛蒂的第一部小说，讲的是他在土耳其的逸事，以及与一位土耳其姑娘的不伦恋情，这下，那瓶香水的谜面就瞬间解开了。

后来，我去咨询一位法国文学牛人：“求推荐皮埃尔·洛蒂的作品呀。”牛人回我：“你怎么知道这个人的？很另类的家伙。推荐去读《冰岛渔夫》《菊子夫人》和《在北京最后的日子》。”

这个推荐让我非常惊喜，原来洛蒂对亚洲这么熟悉，竟然还在北京住过好长一段时间。而为什么牛人说他很另类呢？我觉得大约是因为，在法国作家里，描写关于欧洲旅游、写游记的作者比比皆是，但是19世纪就能周游全世界的作家恐怕只有皮埃尔·洛蒂了吧。因为这个家伙是法国海军军官，“走遍了大西洋、太平洋、印度洋的沿海，到过美洲、大洋洲，土耳其、塞内加尔、埃及、波斯、印度、巴基斯坦、日本、中国……丰富的阅历带给他源源不断的写作灵感”，真正做到了“走万里路，写万卷书”，可以说是第一代旅行“博主”。

读完了洛蒂的《菊子夫人》和《冰岛渔夫》，我就对《在北京最后的日子》更感兴趣了。但是很可惜，一本2010年出版的中译本竟然印了一次就不印了——“这么难卖吗？”我心里嘀咕。于是就在淘宝上开始找旧书，好不容易找到一家，号称是首印原版，花了一百多元买下来，结果收到一本影印版。去找淘宝店主理论时，对方说：“我也没说是原版啊，是原本的影印版。”那一刻，真的觉得生活很奇妙。

所幸《在北京最后的日子》这本书真的非常好看，我认为每个想迫近还原义和团运动和八国联军进北京前后清朝时局的人，都不应该错过这本书。这是从一个法国军人的视角记录彼时的中国，更是一块难得的历史拼图。而且读者还会惊奇地发现一些有趣的点，例如1900年的时候，北京10月底就开始下雪、刮沙尘暴，比现在难熬多了。

正是由于这样的缘分，我阅读了很多东西是出于想要了解某种不懂的香水，比如乔治·桑（George Sand）、缪塞（Musset）和肖邦（Chopin）之间到底发生了什么；王尔德（Wilde）为什么要跟绿色康乃馨纠缠；弄清楚玛塔·哈丽（Mata Hari）是哪位小姐、做了什么重要的事；读了三十岁才开始学英语的康拉德的《黑暗的心》；弄清楚萨德（Sade）和

SM 的关系，以及去阅读波伏娃（Beauvoir）、克洛索夫斯基（Klossowski）关于萨德的观点。我想很多事我真的也是一知半解，但我为此感到非常兴奋，因为香水这个知识分子眼中“肤浅”的舶来品，我有线索接触到很多有启发的东西，这其实是连我自己也意想不到的事。我想这就是艺术香水与街香的最大不同吧，毕竟它们是有文化的人创造出来的。

## 第十一次试香

第十一次试香，来自意大利品牌“普萝法摩”（il Profvmo）的“大麻之香”（Cannabis），这也许是以不违法的方式填补人生空白的唯一途径了。

大家不要怕，大麻香水里并没有真正的大麻成分，而是用其他香料去最大限度地模拟大麻的气味，然后与其他香材混合，创作出各类大麻主题的香水。最常见的关于大麻的香料表述是“Cannabis”，这里说的大麻香气是指大麻叶，而不是大麻籽油的味道。另有两种香调表中与大麻有关的香材：第一种是“Hemp”，泛指麻类植物；第二种是“Marijuana”，常用以表述大麻花的香气。

有人要问，大麻香气通常是用哪几种香料混合模拟而成呢？我见过的，为数不多的大麻仿香配方的有效成分包括无花果叶、胡椒、柑橘、檀香和最重要的广藿香等香材。所以香水中出现的大麻香气，应该被归入绿草香类的香料，通常是用来加重大麻特有的、带有燃烧感的绿叶芳香。

而这支“普萝法摩”的大麻之香其结构非常简单，主体就是白花香加上燃烧的大麻香气，所以我们可以理解为抽了一口大麻，然后吐一口烟在盛开的百合花或者栀子花上，花香的馥郁和清冽还在原地，却好像被点燃了似的，多了一股子青绿色烟气。说到底也是一支特别版的绿意白花香，不过从立意到气味都非常别致。

我没抽过大麻，所以也无从判断这支作品创作得是否传神，但闻到里面大麻香气的一瞬间，我恍惚觉得像是路过某个邻居家门口时闻到过类似的味道。后来朋友告诉我烧大麻和烧艾草的气味有那么几分神似，我才恍然大悟。

沙龙香就像一把万能钥匙，帮我打开了很多扇意想不到的门。

## 关于品牌 il Profvmo

“普萝法摩”是由调香师、自然爱好者西尔瓦娜·卡索利（Silvana Casoli）女士于 2004 年在意大利创立的品牌。

西尔瓦娜·卡索利女士出生在意大利博洛尼亚附近的小城，从小就表现出对大自然、植物和芳香气味的喜爱。因此，大学时她选择了自然科学专业，毕业后又进修了气味创作和调香课程。

在为知名香水品牌工作十年后，西尔瓦娜·卡索利女士选择创立自己的香水品牌“普萝法摩”。她希望借由香气创作表达自己对于自然和社会的关注，她还把调制创新型香气作为自己创作的重中之重。

CANNABIS
OSMO - PARFUM
IL PROFVMO®

CANNABIS
OSMO · PARFUM
IL PROFVMO®

▼

性格

**好奇 / 温柔 / 与众不同 / 内向**

季节

**春夏**

场合

**夜会 / 彰显个性的场合 / 睡前 / 舒缓放松**

▼

总　　评　★★★★☆

艺 术 性　★★☆☆☆
表 现 力　★★★★★
创 造 力　★★★★★
可穿戴性　★★★★★

▼

香材

**大麻气息 | 鲜切花 | 琥珀**

▼

官网：http://www.ilprofvmo.com/europe/

ROOM 1015
ATRAMENTAL

# 墨汁进入身体的瞬间

Atramental I by Room1015

/ 还原每一种“变态”，或至少试图去还原。/

提起法国女演员伊莎贝尔·于佩尔（Isabelle Huppert），往往人们最津津乐道的还是她在《钢琴教师》（*La pianiste*）里所扮演的角色，那个“变态”女教授——看过这部电影的人，难免会给她贴上这样的标签。

这部电影讲的是一位挚爱舒伯特（Schubert）的音乐学院钢琴教授埃丽卡·科胡特（Erika Kohut）的故事。工作中，她一丝不苟，弹得一手好琴，对学生严厉冷酷，而生活里，她的种种“变态”举动却让人惊诧不已：她会赶在下课后利用几个小时的空当去色情DVD馆看爱情动作片；独自在包厢里嗅着男性客人擦拭精液的卫生纸，露出欲望释放的脸；去汽车影院参观车震，并在车外一边偷看一边小便。

她可以将舒伯特的旋律弹得那么好，而她弹琴之外的生活又是那么令人费解——这是“变态”女教授的前半部，而后半部则是她与男学生的爱情。

作为学生眼中高高在上的钢琴教授，她接受了帅气男学生的追求，谈起了师生恋。埃丽卡对性爱有一种独特的想法，只有全权掌控才能令她兴奋。所以她幻想出一个完美的性爱模型：男伴必须唯命是从，包括猥亵她与被她猥亵。她在心里酝酿着各种各样的性爱剧本，有时渴望被虐待，有时渴望玩弄男人，故意不许他们射精。这看起来的确不同寻常，埃丽卡也得到了一个在多数人看来非常可怜的结局：不堪被玩弄的男学生最终强暴了她。

然而如果把这些所谓的性变态需求抽丝剥茧，我们看到的其实只是三个字“听我的”。

在两性关系里双方应该都被允许有多元化的需求，“听我的”只是其中一种，跟“听你的”和“商量着来”相比，并没有什么特别之处。重要的是，你的对象是不是可以接受并契合。这是一件很私人的事，无关变态与否。更何况，那些虐恋招式只是埃丽卡想象出来的，她从来没实施过，也并非真的喜爱。这一点从电影结尾她被男主施虐后并没有任何快感就可以得出结论：尽管那天的受虐看上去是她梦寐以求的，但那时那地她是被迫的，失去了控制对手的前提，一切的性行为都不能给她带来任何快感，因为她真正的需求是：“听我的”。

相反，“被强暴”这件事令埃丽卡痛苦不堪。她难得侥幸敞开心扉去恋爱，即便是在教授地位的掩护下，也终究还是抵不过骨感的性别偏见。最后，埃丽卡拿出一把刀，她没有刺向男孩，而是刺向了自己。

这不是自杀，她没有理由自杀，这是警告自己，不要再对生活抱有幻想。当我们走近埃丽卡的生活时就会发现，她并非什么变态。她反常的行为就是母亲以及岁月带给她的习惯，我们甚至不必追究其出处。就像我第一次看《蓝色茉莉》（*Blue Jasmine*）时，觉得凯特·布兰切特（Cate

Blanchett）扮演的茉莉（Jasmine）自言自语的样子已然是个疯子。直到这两年我才发现，长期独居的自己也常常会自言自语，我这才明白茉莉的那种状态。

我们无法还原所有真相，直到我们在岁月侵蚀里完整地看到自己——那不能触碰的自尊，哪怕是在爱里，哪怕是在性里。

## 第十二次试香

第十二次试香像是一种自我检查，我们遇到了来自年轻且充满想象力的沙龙品牌“1015号房间”（Room1015）的一支香水，名叫“墨汁进入身体的瞬间”（Atramental）。

“1015号房间”品牌名字的由来是洛杉矶凯悦酒店1015号房间。20世纪70年代，几乎所有重要的摇滚乐队都曾下榻这个房间：谁人乐队（The Who）、滚石乐队（The Rolling Stones）、披头士（The Beatles），等等。话说到这里，你大概已经明白这个沙龙香品牌是用香气来书写20世纪摇滚乐的方方面面。药剂师出身的创始人迈克尔·帕尔图什（Michael Partouche）将摇滚精神中残酷却闪亮的表象与演出氛围用嗅觉加以复现。

“墨汁进入身体的瞬间”是在向花臂们致敬——那些全臂刺青的摇滚乐手，香水气味将在文身时伴随墨汁进入皮肤，那一瞬间，香水味、药水味、机器的轰鸣电流气味，以及最重要的——你的体液和血液跑出来的气味，所有味道全部杂糅、交汇在一起，成为非常细腻的气味画面，也是香气作品中难得的高分创新。

“墨汁进入身体的瞬间”有两面：表面安静性感而充满坚毅的力量，像极了弹钢琴时的埃丽卡；里面却又是血腥、冰冷和略带暗沉的孤僻，像极了“变态”的埃丽卡。我想很多人对“文身”这件事持有误解，当然也有可能是由于最先去文身的人对此抱有误解而造成的。但摇滚乐手的文身，不是像流氓一样佯装无畏，而是真的无畏，无畏死亡（可见真正的摇滚乐手并不多）。所以墨汁进入身体的那一瞬间，最是珍贵，它是你对自己的忠诚，当然这种忠诚没有性别之分。

如果你没有文身的经历，那么这款香水对气味画面的细腻刻画，或许能让你存有一番预习的意义在里面。

## 关于品牌 Room1015

1972 年的某一天，一台电视机从洛杉矶凯悦酒店 1015 号房间的窗户飞出去，摔毁在楼下停车场的角落里，自此这戏剧化的一幕就为 1015 号房间蒙上了传奇色彩。后被证实仅仅是因为当时滚石乐队的乐手基思·理查德（Keith Richards）和罗比·基斯（Robby Keys）觉得这台电视机不便使用。而从那之后，酒店的电视机都被设计成不可移动的。

声名大噪的 1015 号房间，就成了最具反叛精神的代表。于是来自巴黎的摇滚乐手迈克尔·帕尔图什从 1015 号房间的摇滚精神获得灵感，创立了沙龙香品牌“1015 号房间”。香气灵感来自调香师对摇滚乐的狂热之爱，每支香气都注入了属于摇滚乐的迷幻色彩和舞台表演当下的热烈氛围。

▼

性格

**猎奇 / 独一无二 / 多面 / 自由**

季节

**四季**

场合

**表演 / 独处 / 创作 / 约会 / 聚会**

▼

总　　评　★★★★★

艺 术 性　★★★★★
表 现 力　★★★★★
创 造 力　★★★★★
可穿戴性　★★★★☆

▼

前调

**佛手柑 | 柠檬 | 劳丹脂**

中调

**小豆蔻 | 黑胡椒**

尾调

**干木 | 藏红花 | 海狸香**

▼

官网：https://room1015.com/en/
购入：关注微信公号“小众之地 minorite”

2.1

# 碧绿闲谈

Coze Verde I by Parfumerie Generale (Pierre Guillaume)

/ 不要称赞我，那是一件很危险的事。/

皮埃尔·纪尧姆（Pierre Guillaume），法国还健在的调香师里最鬼马精怪的一个。他长得好看，家世也好，非常高产，在巴黎开了自己的沙龙店，在法国中部还有自己的工厂和大别墅，交际起来八面玲珑。

2002年，他的香水作品“闲谈2.0”（2.0 Coze）推出后，受到《纽约时报》时任香评人钱德勒·伯尔（Chandler Burr）的追捧，形容“闲谈”的香气世上独一无二。

“闲谈”的确是一支非常别致的作品，也是第一支加入了模仿大麻香气的混合香材的创意之作，灵感来自皮埃尔爸爸的雪茄盒。小时候他常常在一个充满烟草香气的雪茄盒旁度过家庭时光，一家人一边聊着可有可无的闲天，一边吃着时令水果或者小食——于是那个木质雪茄盒的气味给他留下了深刻记忆。而爸爸也是他一直难以释怀和取悦的角色。在皮埃尔二十岁出头的时候，他放弃了自己的化学主修专业，一心一意想要成为一个香气艺术家，当然他的这个决定遭到了爸爸的反对。

当有一个你短期内无法逾越的权威与你意见相左时，人们会有各种不同的反应,而皮埃尔则是选择向父亲证明自己足够成熟,思虑足够周全。因此他度过了一个沉默寡言、略显老成的青年时代，他通过大量的阅读来武装自己，逼迫自己用熟龄的视角审视周围。

当他二十五岁做出自己的第一支香气作品“闲谈”时，很多人包括他的父亲在内都对此持相当狐疑的态度。在一次闲聊中他跟我提到，有一天他接到一封来自俄罗斯的邮件，是要找他购买一百瓶“闲谈”香水，于是他在手工作坊里疯狂加班赶制完成了，而俄罗斯人要跟他在巴黎当面交易。他的爸爸一直劝告他，这个人很有可能是个骗子，让他不要去。然而，等他在巴黎交易完成，拿着几千欧元回家后，爸爸又怀疑那些大面值的钱是假钞，甚至借来验钞机一张一张地验，直到确认所有事都是正常的，才肯对儿子的偏执选择有了一丝改观。

“我年轻时整个调香风格都是为了证明我的成熟，所以香气是暗淡、沉重而且混沌的，经常使用东方香辛和皮革香气，因为那就是我年轻时的自卑与反抗。”我非常理解那种迫切的自证欲，我在年轻的时候由于不自信，担心跟知识渊博的人交往时会露怯，所以疯狂阅读各种晦涩的书，只是为了证明自己与成熟的连接关系，证明自己很早就读懂了这个世界。

毫不讳言，我做这些就是希望那些我在意的人可以称赞我，对我另眼相看。

“但后来你会发现，”他继续说，“很多事都不是很重要，别人称赞你了又能怎样呢？你故意过一种生活，就是为了让别人称赞你，你快乐一阵子，那然后呢？”

在中国的语境中，“称赞”这个词的内容就更丰富了。每一次称赞都是一次高度概括的笼统褒奖，但仿佛忽略了人们身上不值得被褒奖的细节。“称赞”归根结底是一种谎言。因为人就是人，都有缺点，会抽烟、有虚荣心、会爱上有夫之妇、会挥拳打人，所以才有“捧杀”一说，才有人喜欢去挖被称赞者的“祖坟”，试图找到他们人性的另一面。

因此，如果没什么事就不要称赞我了，免得我陷入危险之中。

## 第十三次试香

第十三次试香，是皮埃尔・纪尧姆十年后，也就是 2012 年的迭代作品——“碧绿闲谈 2.1”( 2.1 Coze Verde )。Verde 是西班牙语“绿色”的意思，Costa Verde 是位于巴拿马的翡翠海岸，因此我把这支香水翻译成“碧绿闲谈”，你可以理解成“闲谈 2.0”的迭代升级版。

回顾十年前“闲谈 2.0”的气味，它是典型的东方香辛加上木质香气，香味低回、暗淡，甚至有些腹黑、压抑。然而那的确就是皮埃尔当时的状态，他将自己与原生家庭的摩擦，通过他的作品表达出来，这支作品的表现力几近满分。

所以十年后的皮埃尔是什么样的生活状态呢？我们应该能从“碧绿闲谈 2.1”里读出一二。

“碧绿闲谈”最惊艳之处在于它逆序发香的特质。通常前调是清新的水果，如刺激的柑橘；中后调开始不断下沉、暗淡、收敛，这个顺序是由不同香精的挥发特性所决定的。但“碧绿闲谈”反其道而行，刚一上来前调就给你当头一棒，是浓浓的东方香辛的辛辣和厚重，然而神奇的是，辛辣和厚重竟然可以迅速退去。香水的中调越来越轻盈、明朗，犹如守得云开见月明的过程。一个小时后再闻它，它竟堂而皇之地变成了一支无花果主题的绿叶调香水，顶多再加上一些没有完全退散的雾气。这个过程犹如见证一位中年油腻大叔返老还童成为一名清秀少年，这种本杰明巴顿式的香气变化在其他作品里甚是少见。仿佛是在爸爸的雪茄盒内侧涂上一层碧绿的油漆，乍看之下还是同一个盒子，打开才知道内里已经焕然一新。

## 关于品牌 Pierre Guillaume

生于法国克莱蒙特的皮埃尔・纪尧姆是一名独立调香师。二十五岁时，还在学习化学的皮埃尔・纪尧姆就创作出了他的第一瓶香水“闲谈”。这支以辛辣香烟为主的香水，灵感源自他父亲的旧雪茄盒，因其成功引起了业界独立香评人的注意，他的作品开始被世界各地的买手关注。

《纽约时报》的香评人钱德勒・伯尔曾称赞他是当代法国最酷的调香师，他也由此受到媒体的广泛关注。从 2002 年开始，皮埃尔先后创立了“通用香氛”（Parfumerie Generale）、皮埃尔・纪尧姆同名品牌和“第八种艺术”（Huitieme Art）等沙龙香水品牌，后于 2016 年统一改称皮埃尔・纪尧姆同名品牌。

▼

性格

**半熟 / 幽默 / 温暖 / 内向**

季节

**四季**

场合

**私约 / 聚会 / 郊游 / 交谈**

▼

总　评　★★★★☆

艺术性　★★★☆☆

表现力　★★★★★

创造力　★★★★★

可穿戴性　★★★★☆

▼

香材

**辛香料 | 甘草 | 青柠 | 无花果 | 可可 | 广藿香 | 木质香**

▼

官网：https://www.pierreguillaumeparis.com

# 诺曼底周末

Weekend in Normandy | by Nicolaï

## / 你说就我这样的，能行吗？ /

半夜收到“尼古莱”（Nicolaï）的创始人帕特里夏·德尼古莱（Patricia de Nicolaï）的邮件：“你知道吗，颂元，今年是我们创立的第三十个年头。我们作为一个独特的、曾经弱小的品牌，一眨眼三十年也坚持过来了。我想邀请你 9 月来出席我们在巴黎举办的小型庆祝活动。来的都是三十年来对‘尼古莱’来说最重要的人，你会喜欢的。”

我看着邮件，眼睛渐渐湿润了，因为这三十年来她的艰辛与挣扎，我多少能感同身受，且一直对她心存敬畏。2019 年，我将“尼古莱”引入中国市场并在上海 iapm 环贸广场开设了亚洲第一家精品店，这一路也是磕磕绊绊，非常不易。

帕特里夏应该是整个小众品牌创始人里家族实力最雄厚的那种：娇兰家的小女儿、老娇兰的外甥女，从小在娇兰家的老宅里长大，接受过一等一的文化熏陶，这是原生家庭给她的财富。成年后嫁了个好老公，老公为了帮助帕特里夏创立自己的品牌，卖掉了之前运输公司的股份，全力投资她的品牌。到现在为止，“尼古莱”也是屈指可数的拥有自有实验室、调香室、香水工厂和包装工厂的小众香水品牌，这固然需要一笔天价的投资款，但同时她的调香天赋和技术也是一流的。她年仅二十五岁时就斩获了法国国际青年调香师奖章，也是第一位获此殊荣的女性。

我真的觉得帕特里夏已经是这个产业里的顶配了。但即便是这样的顶配，三十年的创业之路也是风风雨雨，走得踉踉跄跄。对于没有被奢侈品集团收购的独立品牌来说，能维持三十年已经是奇迹中的奇迹。它们不但要与时间对抗，还要与铺天盖地宣传自己的被资本绑架的二流香水对抗，但是这种没有财大气粗市场预算的对抗，又能算得上什么呢？说句不好听的话，消费者除了对金钱堆砌出来的营销和代言人眼冒金光，又有几个人是真的懂香水的品质和创作呢？所以如果你请不起明星，那一定就是你不够好，活该被忽视了。而那些动辄花上千万搞出来的大牌香水艺术展，也不知道跟香水本身或者真正的艺术到底有多大的关系。

在这样的市场环境下，其实每个人，据我所知包括帕特里夏在内都开始不自信。她的家族其实并无法在香水创作上给予她什么支持，相反帕特里夏在受访时提到家族里的人，他们都觉得她的天分不算什么，不可能在家族品牌里获得重要的职位，所以她只能出去找工作，一边工作一边学习。即便已经有了自己的品牌，她仍旧不那么自信，这点从她的香水瓶和包装的更换频率就可见一斑。时至今日，如果有人发自内心地热爱帕特里夏的某支香水作品，她都会同样发自内心地感到开心，我想这大概道尽了三十年来的所有不安和固执己见，还有一个普通创作者永远惴惴于心的谨慎。当艺术创作面对市场，那种不安感我再熟悉不过了。

所以常有人问我："颂元，你觉得我这个行吗？人家可都是知名人士啊。"我反问："你怕什么？创作本来就是最私人的事情，灵感就是我们的生活啊，我宁愿去写我经历过和感受到的东西，也不想去当全世界的课代表。"想想如果创作要坚持三十年，还要能卖钱养得起一大帮子人，也真是这世界上最直观的关于美好的事了。

## 第十四次试香

第十四次试香，我特意选了来自"尼古莱"近十年的标志性创作"诺曼底周末"（Weekend in Normandy）。

法国北部的诺曼底大区，因为"二战"盟军在西线战场的登陆反攻而闻名于世，诺曼底海岸也一直是巴黎人夏日度假的心头好，特别是其中颇有贵族气质的滨海小镇杜维埃。它以纯净的海景和清新的铃兰香气而知名，而且当地拥有大量的高级俱乐部、马场、游艇、赌场，是一处自然美景和人造娱乐场所共存的度假胜地。

十几年前，"尼古莱"的创始人帕特里夏在杜维埃度过了一个完美的假期，那时正当5月，海风轻柔并夹带了春天的清新香气，铃兰花盛放，冷冽的白花香弥漫整个海岸。帕特里夏回到巴黎后随即着手调香，历经数月终于记录下了她心中完美的杜维埃假期。最初推出时，这支香气名为"杜维埃周末"（Weekend à Deauville），2012年左右，改名为现在的"诺曼底周末"，但是配方几乎没有调整。

用苦涩柑橘气息模拟海风的咸涩质感，用龙蒿和薄荷白描满是青草

NICOLAÏ
PARFUMEUR CRÉATEUR
PARIS
WEEK-END
IN NORMANDY
EAU DE TOILETTE

并随风起伏的海岸植物，用铃兰花、依兰依兰等白花香描绘诺曼底春天花海的气息，再用橡木苔、皮革作为基调铺陈海边湿润而微微发霉的苔藓气味，这种用经典的绿调香材与白花香混合，并在尾部加入橡木苔的结构是帕特里夏的创意，我把它称为绿意白花香型，绿意加重了白花本就非常明显的清冽，橡木苔加重了潮湿感，是非常完美的春夏香型。而“诺曼底周末”不但是绿意白花香的经典代表作，也成为精准描述法国北部海岸春夏季节的经典香气。后来市场上出现了很多类似的绿意白花作品，或多或少都对它含有致敬之意。

## 关于品牌 Nicolaï

“尼古莱”创立于法国巴黎，至今已有三十年的历史。“尼古莱”的创办人是欧洲香水界久负盛名的女性调香大师、法国香水档案馆主席帕特里夏·德尼古莱女士以及她的丈夫让－路易·米绍（Jean-Louis Michau）先生。

帕特里夏出生于巴黎娇兰家族。1988 年，她的第一支香水作品“悸动 1 号”（Number One）推出，使她成为第一个获得法国国际青年调香师大奖的女性调香师。

“尼古莱”是世界上屈指可数的，拥有全产业链的沙龙香水品牌：从调香创意、样品制作到手工装瓶，再到瓶身上的火漆压制与标签粘贴，都是品牌亲力亲为，力求尽善尽美。

▼

性格

**自由 / 温和 / 自洽 / 随性**

季节

**春夏**

场合

**海边度假 / 周末早午餐 / 朋友闲谈 / 私人聚会**

▼

总　　评　★★★★☆

艺 术 性　★★★☆☆

表 现 力　★★★★★

创 造 力　★★★★☆

可穿戴性　★★★★☆

▼

前调

**佛手柑 | 柠檬 | 白松香 | 龙蒿草 | 薄荷**

中调

**茉莉 | 依兰依兰 | 铃兰 | 小豆蔻**

后调

**雪松 | 橡木苔 | 皮革 | 麝香**

▼

官网：https://Nicolaï.com

购入：关注微信公号“小众之地 minorite”

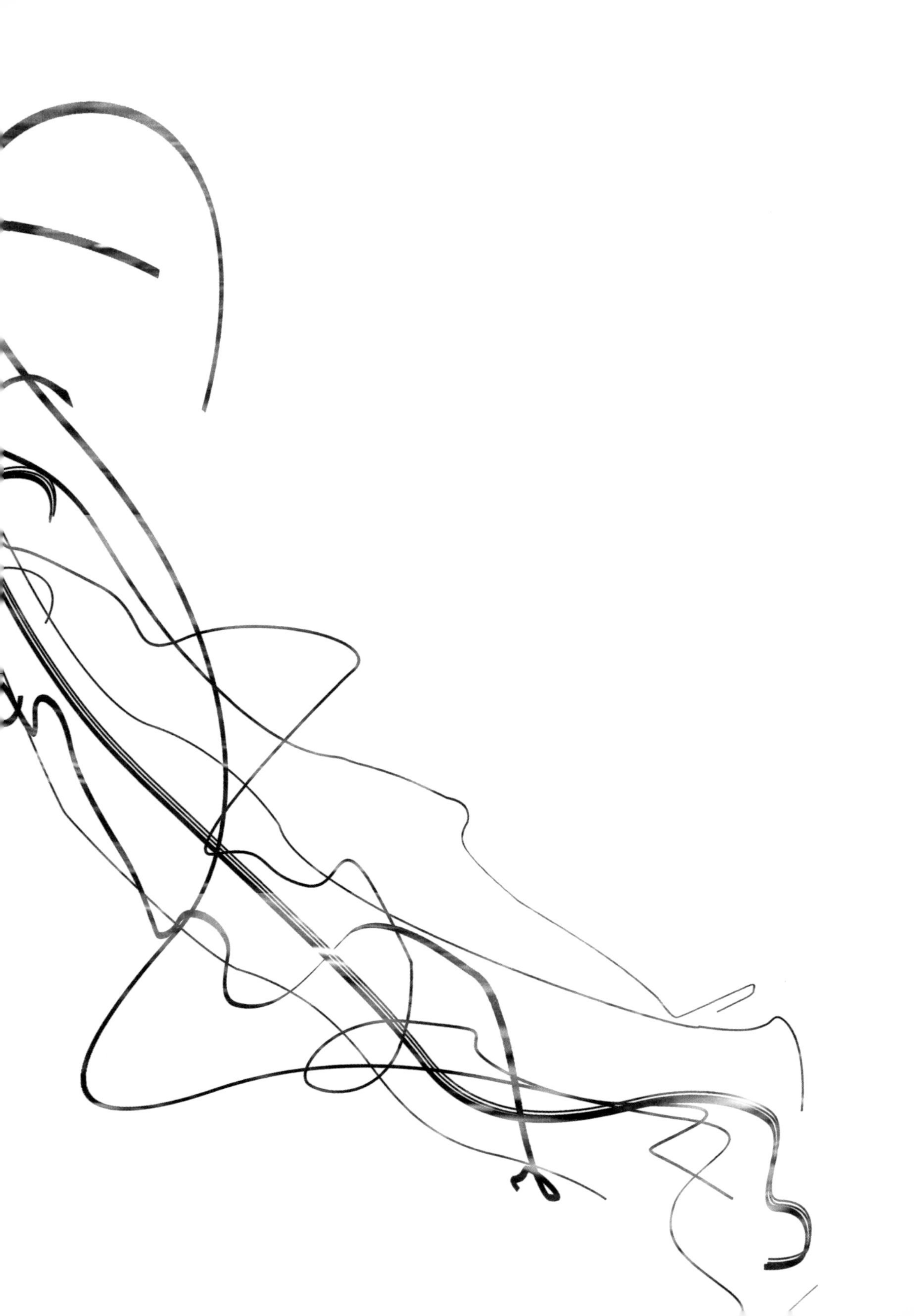

# 南丹路 17 号

17 nandan road | by Ulrich Lang New York

/ 在城市里，我们将拥有什么？ /

早上我收到一封邮件，是纽约艺术家、艺术香水品牌“乌尔里希·朗”（Ulrich Lang New York）的创始人乌尔里希·朗（Ulrich Lang）先生发来的，他想来中国做一次短暂的旅行，为他的下一支香水寻找灵感，问我能不能给他三天时间，陪他在上海随便逛逛。

作为乌尔里希·朗第一次中国之行的向导邀约，我当然没有推辞的理由，于是我义不容辞地挤出三天时间，到上海陪他。一路上，我们谈论亚洲，谈论新的中国，谈论他从别人口中获取的、对上海支离破碎的线索。他说以前别人香水作品里的中国，似乎是调香师的一种误解，说不出来的同源。

“如果让你以上海为灵感创作一支香水，它会是什么样的？也是所谓的中国风吗？”我问道。他没回答。

当时正是金桂盛放的 9 月，我们在上海艾迪逊（EDITION）酒店的顶楼酒吧，我记得他点了一杯桂花主题的马天尼。我透过这水泥丛林，望着纷乱的灯光，陪他感受着上海。

第二天，我们到徐家汇附近吃午饭。饭后小雨微息，天光甚好，虽仍旧有些炎热，但炎热中已开始夹杂着些许凉意。我们就混杂在上海无时无刻不在的高峰里，随着车流一起散步。走着走着，经过一个小公园，那里绿植掩映，金桂花开正当时，雨后水汽氤氲不散。公园不深，所以沾染了大路上飞驰而过的车掀起的微尘。

我们走到公园里，深吸了一口气，天啊，那气息夹杂了桂花、绿草、城市的水汽，是迷蒙而且颗粒状的桂花香，是亚光面的上海。那感觉并不是一棵活生生的桂花树在你鼻尖绽开，而是当城市里的人行色匆匆地走过一个这样的小公园，他可能会感知到的复杂与美好。

我随手正准备拍下公园里的桂花，却不想有个小朋友从我身边跑过去，我下意识地闪躲了一下，结果照片拍虚了。我跟乌尔里希看着这张模糊的照片，莫名其妙地有种动态的沉醉，就像上海这个城市此时此刻呈现出的质感。

两天后，乌尔里希结束了他的上海之行，返回美国。临别之际我说："你冬天再来，我们去北京。"因为他一直念叨着要看故宫和长城。又过了几天，收到他发来的一封Email，他说他找到了他的中国意象，不必急着去故宫、长城了。

我问是什么，他说是光启公园——上海南丹路17号，我们无意中经过的那个小公园。

当无数外国人试图了解中国的时候，似乎习惯性地去接触古代的中国和古代的中国人，确切地说是古代的皇亲贵胄们。但他们可曾想过，现在的中国人早已不拿毛笔写字，不住八十一级台阶的宫殿，也不是日常就穿苏绣旗袍。

所谓的中国，更是一个个普通市民微小的城市生活，当然我们并不能认为城市里拥有全部的中国意象，但看过“十三五”规划和未来户籍政策的人都知道，将来城市里的生活会超出很多人的想象。

## 第十五次试香

第十五次试香，对你们来说或许只有一次，但对我来说是将近十次。在此后的一年中，我参与到南丹路 17 号这支“乌尔里希 · 朗”年度新香的创作中，与乌尔里希一起再造我们共同记忆中的南丹路 17 号——彼时彼刻光启公园的美妙气味。

为还原公园中的绿意，我们使用了大剂量的绿叶气息和天然雪松；至于水汽，得益于西西里柠檬的清透之感，我们选用了天然桂花香精与顶空技术人工还原出的桂花气息进行杂糅，为的是在多层次的桂花香气中，获得一种属于上海普遍种植的金桂的气息；最后，我们选用了塑造颗粒感和粉质感的两大功臣——鸢尾花和绒面革气息，说那是汽车尾气也好，城市的灰尘也罢，反正不是全然的透光、清晰。

我仍然记得我们最艰难的一次选择，来自对金桂香气的还原程度。最后一次试香时，我们拥有两个版本的南丹路 17 号样品，其中样品 6 号由于控制了前调香材的使用量并加重了桂花气息，而使整个作品的桂花气息非常浓郁，就像是一株金桂树开放在你的鼻尖，所以受到团队里其他外国成员的青睐。其中的 1 号样品加重了香柠檬的用量且减少了桂花气息，所以整支香气更加水润，纸试像极了白桃的青皮气息（因桂花本就被归入果香气香材，带有浓重的桃子气息），皮试就更加神奇：当乌尔里希穿着 1 号样品从我身边走过的时候，我瞬间回到了那个小公园里的那个下午，我说没错，就是它，就是它，1 号是对的。

所以南丹路 17 号正确的试香方式，不是你拿着试香纸贴近鼻腔，而是让你的三五个好友穿上它，从你身边自在忙碌地跑跳而过，对，那才是真正的南丹路 17 号。

正如前文介绍，“乌尔里希·朗”的每一支香水都会邀请一位艺术家来拍摄主题摄影作品，作为香水的外包装。这次乌尔里希理所当然地邀请我为南丹路 17 号拍摄主题摄影作品。我选择了现在你们看到的那种表达方式，一方面讲述无心路过的美好，另一方面也是因为我仍记得那个小男孩带给我的惊喜。

## 关于品牌 Ulrich Lang New York

纽约现代艺术香水品牌“乌尔里希·朗”成立于 2002 年，算上于 2019 年发售的南丹路 17 号，至今只推出了七支香水。

品牌创办人是欧莱雅集团高层的乌尔里希·朗和在纽约艺术出版界颇有名气的布里特·比格尔森（Britt Biegelsen），两人将现代摄影与气味融合，让气味在视觉中更加具象化——没有复杂的叠加修饰，气息现代、素净，这是乌尔里希·朗专业而独立的制香态度。

颂元为“南丹路 17 号”拍摄的主题摄影作品。

▼

性格

**敏感 / 文艺 / 独立 / 安静**

季节

**春夏**

场合

**约会 / 户外活动 / 城市休闲**

▼

| | |
|---|---|
| 总　　评 | ★★★★☆ |
| 艺 术 性 | ★★★☆☆ |
| 表 现 力 | ★★★★★ |
| 创 造 力 | ★★★★☆ |
| 可穿戴性 | ★★★★★ |

▼

前调

**绿叶 | 西西里柠檬 | 香柠檬**

中调

**桂花 | 鸢尾花**

后调

**雪松 | 绒面革 | 麝香 | 降龙涎香醚**

▼

官网：https://ulrichlangnewyork.com
购入：关注微信公号“小众之地 minorite”

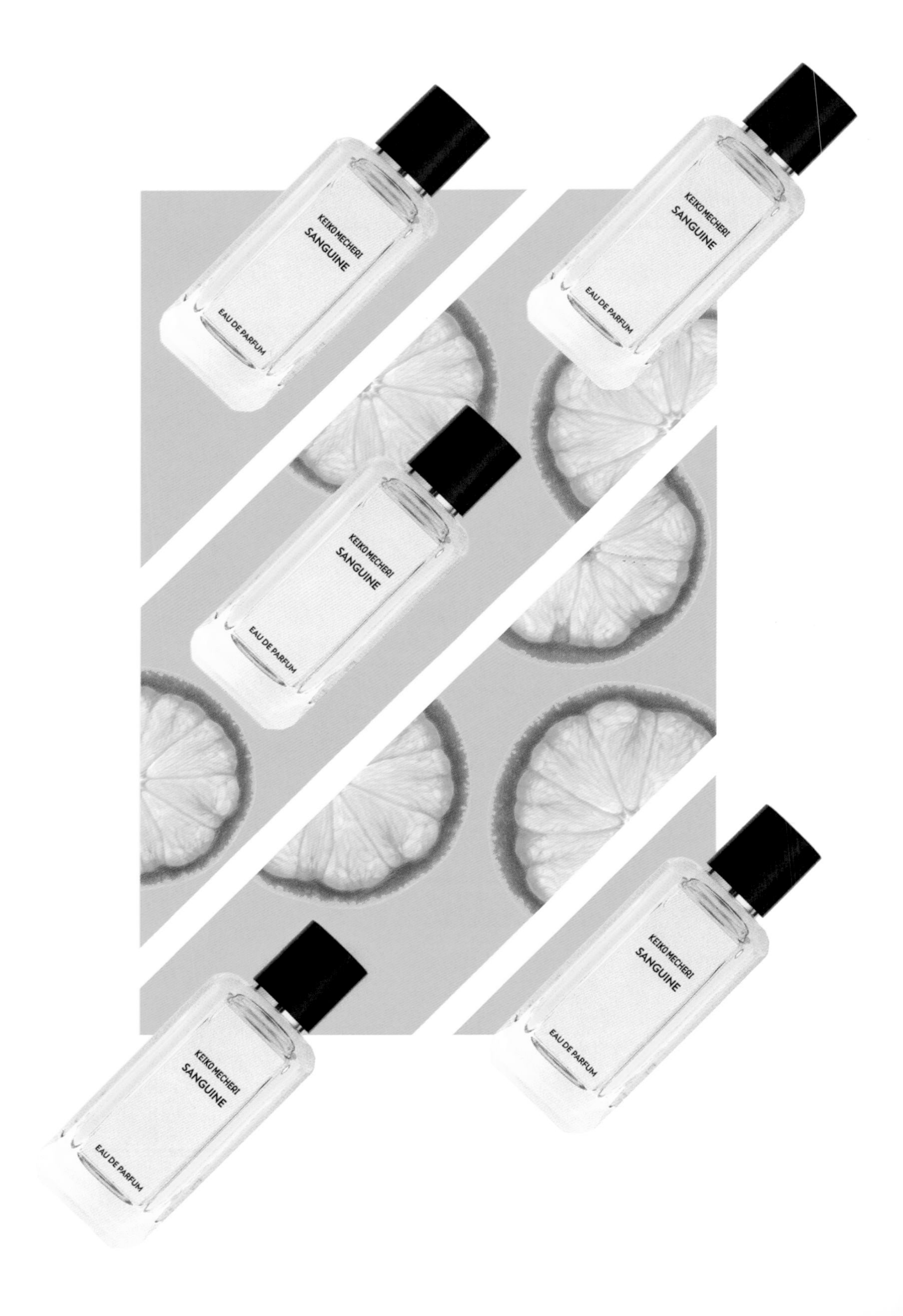
KEIKO MECHERI
SANGUINE
EAU DE PARFUM
KEIKO MECHERI
SANGUINE
EAU DE PARFUM
KEIKO MECHERI
SANGUINE
EAU DE PARFUM
KEIKO MECHERI
SANGUINE
EAU DE PARFUM
KEIKO MECHERI
SANGUINE
EAU DE PARFUM

# 烈日橘心

Sanguine I by Keiko Mecheri

/ 职场用香不在于你喜欢什么，而在于什么适合你的身份。/

有一次，研究人际关系的熊太行向我咨询他的一位读者的困惑。

读者小马是刚刚毕业迈入职场的新人，一年前进入一家规模很大的合资企业做运营工作，找工作的过程挺顺利的。小马是名校毕业，人聪明谦虚，做事也勤快，部门领导很喜欢她。前几天升职加薪了，比大部分同事早了六个月。这本来是件很高兴的事，结果却无端传来风言风语——说她是部门领导的姘头，她不知道该去反驳谁，也弄不清楚是怎么回事，为此失落了好几天。

后来，一个跟她关系很好的同事给她发了一个别的群里的截屏，那个说她是姘头的同事她根本不认识，而对方所谓的证据，除了一些莫须有的理由以外，她最搞不懂的是，对方说她用的香水一闻就很妖娆、妩媚，肯定是为了勾引领导。

小马上班时常用的两支香水都是大牌旗下的花香型。她觉得自己的香水很主流，既然那么多人都在用，为何自己使用后会让人产生这样的误解？

小马遇到的问题很普遍：职场用香不在于你喜欢什么，而在于你的身份适合什么。

这是一个非常实用的话题：在一个超过三百人的公司里，大部分同事并不认识你，大家只能通过一些线索来认识和判断你的为人，比如你的穿着、你所用的香水。通常人们对初次见面者第一印象的判断都很草率，所以对于职场小白来说，一个好的形象应该是谨慎而有所准备的，这是态度问题。

小马使用的两支花香香水都来自大品牌的经典款，但它们在香气轮里都属于粉香调（Soft Floral Notes），而这个香调的特点是具有粉质感（Powdery），通常用以彰显女性的柔美和妩媚气质，属于香水十四调中最女性化、最性感的家族。

作为刚迈入职场的小白，需要彰显的当然不应该是妩媚的女性气质，而是积极、上进、好相处，且不会少年老成的阳光气质。从小马目前的职业阶段来看，更适合她的办公室香水应该是柑橘调（Citrus Notes）、绿香调（Green Notes）。

使用柑橘调的香水会让人觉得你是个简单、上进的人，柑橘调香气中含有的烃类物质，有激励人向上、防止萎靡不振的效果。不论男生女生，使用柑橘调会使人觉得其阳光而且干净。

使用绿香调的香水则能让人感受到清新和提神，闻到的人会自动把你归类为自然但又有内涵的那一类人，喜欢与你交谈。男生使用绿香调会让人觉得书卷气浓郁。

至于粉香调，还是应该留在恋爱关系，或者其他需要彰显女性气质的场合使用。

所以我建议大家回家整理一下香水柜，可以用一点时间管理一下自己的气味，毕竟它在职场上很重要。当然，过几年等你升成总监的时候，我会给你新的建议。

## 第十六次试香

在第十六次试香之前，我就对凯科·麦彻瑞（Keiko Mecheri）的包容性和创造力早有耳闻，作为旅居加州和瑞士的日本裔艺术家，她的很多作品都给我留下了深刻的印象，比如这次我们要试的“烈日橘心”（Sanguine），也有人将它翻译成“乐观”，或更直白地把它翻译成“血橙”。

单纯地模仿某个物体的香气并不是我推崇的香气创作，不管它模仿得有多逼真。同样地，“烈日橘心”也不是我欣赏的艺术领域的香气创作，因为它非常逼真，非常简单，除了它的名字，你用任何过多的文字去描述它都是浪费。

但也因为过于逼真，这类香气作品常常激起我与自己的争论：画素描和工笔的到底能不能成为艺术大师？我想这个问题绝不止困扰我一个人。

然而不能否认的是，我们需要像“烈日橘心”这样的如顶级工笔画大家作画一样的香水，它的味道就是“一个新鲜的橙子剥开后，大量的橘珠破掉，汁液流出，浸得你满手都是”。特别是那个橘子里的小橘珠破掉那种喷发感，刻画得逼真极了。

在经历橘珠喷发、橘汁流了满手都是之后，香水最终转向一种暗淡而干燥的香气，像是刚刚洗过澡之后留下的淡淡体香，这是麝香和苦橙叶的功劳，到此，一支完整的“烈日橘心”就圆满结束了。

它就是我说的最佳职场香的代表，典型的柑橘调，直截了当的香型，适度的留香时间，给人阳光、单纯、乐于助人的香气感受。当然欧珑的赤霞橘光、翡冷翠之香的西西里柑橘等优秀的柑橘作品也都有不错的表现力，与它不相上下，都可以成为职场小白信赖的职场香气。

## 关于品牌 Keiko Mecheri

在美国加州创立、在瑞士生产的香水品牌凯科·麦彻瑞，创立于1997年，至今已在沙龙香水界深耕二十余年，旗下拥有九个系列，四十多支作品。

香评人醉心于其低调而又奢华的特质和以当代手法重新诠释复古元素的技巧，还有日本人骨子里的务实——凯科·麦彻瑞的每一支香水，都有十分优异的可穿戴性。

凯科出生于日本热海，成长于美国加州，随后又到欧洲学习艺术。虽然凯科·麦彻瑞有不少香水以日本文化与日本香材作为核心，但影响凯科更多的反而是被阳光亲吻的加州，这种热情的特质也体现到了以果香、花香为主的香水创作之中。

▼

性格

**阳光 / 乐观 / 积极 / 乐于助人**

季节

**四季**

场合

**办公室 / 通勤 / 会议 / 旅行 / 阅读**

▼

| | |
|---|---|
| 总　　评 | ★★★☆☆ |
| 艺 术 性 | ★☆☆☆☆ |
| 表 现 力 | ★★★★☆ |
| 创 造 力 | ★★★☆☆ |
| 可穿戴性 | ★★★★★ |

▼

线性香材

**柑橘 | 橙子 | 苦橙叶 | 麝香**

▼

官网：http://www.keikomecheri.com

购入：关注微信公号“小众之地 minorite”

DOLCE

# 温柔的米

Dolce Riso I by Calé

/ 衣食父母。/

记忆里有两家餐厅对我而言非常重要。2013 年，我从台大毕业，即将要离开台北的时候，台大附近巷子里的立濠茶餐厅也关掉了；2014 年，我准备离开新加坡，与此同时，武吉知马附近的新濠茶餐厅也结束了营业。朋友还借此打趣道："你看你，来就来吧，还自带茶餐厅。"

立濠茶餐厅的老板是个六十多岁、非常健谈的香港人，就是那种会歧视普通话的香港餐厅老板。王菲曾经说香港的盒饭都"很没有爱心"，会做那种盒饭的就是立濠的老板。

我跟他变得亲近是因为一碗饭。有一次我点了一碗海南鸡饭，但鸡肉不好吃，所以我就摆在一边几乎没动，不过立濠的米饭做得很好，一吃就知道是鸡汤泡过的米，而且都是长长的香米，粒粒分明，干湿适中，吃进嘴里有股丝丝的清香气，也不会粘在牙齿上。当时时间不早了，老板、老板娘，还有店伙计就在我不远处的桌子上吃工作餐。他看我不吃鸡肉只吃米饭和青菜，估计是猜到我对鸡肉不满意，接着便没礼貌地诘问我：“你不吃鸡吗？那干吗要点海南鸡饭？浪费呀。”还不等我回答他就走进了后厨，感觉并不想搭理我。

过了一会儿他从后厨出来，端了两个单面煎蛋，放到我桌上，还告诉我，下次不喜欢吃鸡的话光点饭也可以。可是我那时候只吃全熟蛋，于是跟他解释:“谢谢老板,我不吃生蛋。”“为什么呀？半熟蛋是人间美味啊。”“我怕有寄生虫。”“你不要怕,身体是越练越好,你不能总给它安全的东西吃呀。”

我一听这老头还讲点哲学，加上我也没吃过生蛋，就按照他教的吃法把蛋拌到了饭里。结果完全出乎我意料，这碗原本就飘飘欲仙的鸡肉饭在拌上太阳蛋之后，越发性感诱人。我也只能傻傻地讲出美食节目里常出现的台词：“唇齿留香。”

从那以后，我在立濠有了专属特别版套餐——不放鸡肉，两个鸡蛋；老板说这是“漂亮小姐套餐”。我就这样吃了两年，虽然和老板看上去很熟，但其实并没有什么私交，也没有他们的电话。直到毕业前的某天去吃饭时，老板突然跟我说：“你星期天来吃啊，我下周一铺子就收掉了。”我很失落，后来才知道是由于老板娘得了乳腺癌，一家人想安心治病，这些年他们也确实太累了。那个星期日的晚上,我是最后一个离开的客人，吃了“漂亮小姐套餐”，拍了张照。其实就算立濠不关门，一个月后我也要离开台北了。左右都是离别，只不过一个是永别，一个是再见罢了。

后来我搬到新加坡，恰巧住的地方旁边也有一家茶餐厅，叫新濠，鸡肉饭做得也不错。我问老板能否给我特制一个套餐，他听完爽快地答应了。就这样,我又吃了一年“漂亮小姐套餐”。然后也目送他们关门大吉。

这么多年过去了，我早已忘记了很多过去的生活细节，但直到现在这两家茶餐厅的一应细软，甚至筷子、餐桌垫的样子，我都还记得。人们常说的衣食父母，通常是指食客，认为他们是商家的衣食父母，让他们能赚钱做生意。我觉得刚好相反，商家才是我的衣食父母。供你餐饭者，视如你的父母，对于一直漂泊的人来说，这碗饭的缘分实在是不同寻常。

## 第十七次试香

第十七次试香来自米兰沙龙品牌“卡雷”（Calé）非常早期的作品“温柔的米”（Dolce Riso），如果说我有什么香材偏好的话，那么米香肯定是其一，于是一定要试一试。

你不可能在“温柔的米”里闻到确凿的大米香气，这也是我认为这支香水最成功的地方。我前面提到过，大米香气属于合成香气，它非常霸道，一旦不小心使用超量，那么整支作品都将充满挥之不去的呛人大米气味。所以，大米主题的作品一定要藏好米香，要似有若无，要委婉。

“温柔的米”作为一支大米主题的作品，在藏好米香这一点上，绝对可以拿到满分。藏好米香不是没有米香，而是削其棱角，使其融入其中，更显圆润。“温柔的米”在前调中加入了大量苹果香气，这使得这支香水的前调产生了一种果汁饭的神奇质感：大米好像加果汁蒸过了，然后出来一碗带有苹果香气的米饭，米饭干湿适中、粒粒分明、香甜可口。随着果香气的退却，米香进入到中调，那种磨砂和颗粒质感逐渐显露出来，粉粉的，好像老巴黎的那种米质的散粉。香水品牌“罗格朗”（Oriza L. Le grand）之所以叫这个名字是因为该品牌最早是销售散粉的，“oriza”

是“稻米”的意思。这种非常明确的粉质感会蔓延相当长的一段时间，至少两三个小时，到了后调，香草和香辛料的回甘会越来越明显，仿佛是你在享受美味的米饭时误食了一颗八角仁，那种甘味久久不散。

这支作品被称为“温柔的米”，真是恰如其分。一开始的果汁米饭香气，就足以令人想到软软糯糯的雪白肌或香香甜甜的大米糕，后面粉质感也基本上沿袭了其女性化特质，保持了“温柔”这个线索。当然，说了这么多，那一丝确凿又隐藏得很好的大米香气，才是这支香水与其他米香作品相比最出彩之处。

如果对米香香水感兴趣，另推荐一支皮埃尔·纪尧姆的作品“糯米粉”（Poudre de Riz），也是柔软有余的米香创作。

## 关于品牌 Calé

2008 年，西尔维奥·莱维（Silvio Levi）决定创立自己的香水品牌——“卡雷”（Calé Fragranze d’Autore）。作为叙述者的他联手数位知名调香师好友，创造出充满激情、令人感同身受的嗅觉和听觉通感故事，他们还请来作曲家菲利普·阿布西（Philip Abussi）为每一支香水创作一小段交响乐并请试香者同时欣赏。

西尔维奥·莱维不仅是意大利小众香水品牌“卡雷”的创始人，还是米兰艺术香水展 ESXENCE 和巴黎先锋香水沙龙“诺泽”（Nose）的联合创始人。有热爱、有人脉，还有把事情做大的心——如果把意大利的小众香水圈子看作江湖，那西尔维奥·莱维就是当之无愧的江湖大佬了。

▼

性格

**温柔 / 随和 / 甜美 / 单纯**

季节

**春夏**

场合

**恋爱 / 阅读 / 郊游 / 亲密关系**

▼

| | |
|---|---|
| 总　评 | ★★★★☆ |
| 艺术性 | ★★★☆☆ |
| 表现力 | ★★★★☆ |
| 创造力 | ★★★★☆ |
| 可穿戴性 | ★★★★★ |

▼

前调

**苹果 | 青柠檬 | 艾蒿**

中调

**大米 | 谷物 | 白胡椒**

尾调

**麝香 | 香草 | 顿加豆**

▼

官网：http://calefragranzedautore.com
购入：关注微信公号“小众之地 minorite”

AMOUAGE

# 香遇旅途男士

Journey Man I by Amouage

/ 真正的旅人爱着一路上的风景，埋头赶路。/

我顶着碧蓝的天窗，开着两个月没洗也不算脏的车在建国门桥向建国门内大街右转的时候，有一种久违的创作的欲望。

我看见空气好像是向上蒸腾的，把细小的、害羞的灰尘都推到了半空中，太阳一照，活跃了气氛——它们没有拘束地跳着舞。换了一辆可以自动设定温度的车，现在感觉车内的温度非常适中。我穿了一件昨天刚刚买来的内外牌连体裤，卡其色的，厚厚的编织结构，柔软得像皮肤一样。它的后腰采取的是贴心的分体式设计，这能让我在上厕所时不会因需要全部脱光而过于尴尬。我的右手无名指上依然是那枚戴了十年的，刻有“Alexandra”（亚历山德拉）字样的自制戒指，没有人知道戒指的内圈还刻着我的英文名字“Jessica”（杰西卡）。

建国门桥右转五十米，只有长安街的公交车道是不分高峰时段和低峰时段的霸道，穿过霸道的公交车道，就能依稀瞥见“古老”的东方广场，我年轻的时候曾在那里的写字楼格子间里工作，每天坐十五站地铁、穿高跟鞋、化淡妆、吃四十元左右的工作午餐。突然前面一辆车奋不顾身地转车身朝公交车道奔去——它想在东单路口右转，右转道和我们的车道之间隔着公交道，只有快到路口的时候才能借道，然而它等不及，所以最终被警察拦了下来，那个路口大概有十个交通警察。

建国门桥右转一百米，是那条只能意会但无法开车到达的王府井大街。那些自以为能沿着王府井大街开车到达王府井的人，全部都不得不在步行街口转弯，充满了无可奈何。王府井大街的路口似乎一直都在维修，从我记事起，有两个地方就一直围着蓝色挡板，不知道在修什么，一个是西直门，另一个就是王府井。不会是修了拆、拆了修吧？

建国门桥右转一百五十米，我在南河沿大街路口右转，没被交通警察拦下来，顺利地跨过了公交车道并到右转道上——其实我也压了几米公交车道的实线。也不用高兴得太早，也许过一会儿手机短信（违反交规的罚单）就来了。把车并到右转道上，路口交通灯是绿的，感觉很快就会右转成功，但失败了，前面的车一动不动，我不耐烦地探出头去，想看看路口的第一辆车里是哪个无赖司机又在看手机。结果看到的是，头车在等待行人过马路——因为长安街上直行的行人很多，它就那么静静地等着，等完了整个绿灯。

顺着南河沿大街再往前走，我在大甜水井胡同右转，“文革”时这条胡同被改叫人民路三条，大约是1980年又改了回来。大甜水井胡同里有两座王府，在胡同尽头老牌商业地产大拿香港置地集团开发了大概是北京最尊贵的购物中心，王府中环，顺便把其中一座王府伦贝子府也保护了起来，整出一块空地做了伦敦蛇形美术馆北京展亭，现在临时建筑到期了，蛇形美术馆被拆了，要做成公共绿地。

建国门桥右转不久之后，我快到达目的地了。地下车库门口有一棵古树，据说有几百年了，修路的时候还特意为它改道，几乎把它放在了路中间。路中间立了个牌子：因古树改道，请小心驾驶。

建国门桥右转，短短一段路，是我们的四十年，有好的，有不好的；有侥幸，有实干；还有短期内无法扭转的人性。真正的旅人爱着一路上的风景，埋头赶路。

我替各位感到庆幸，也替我自己庆幸；每一段旅程都不简单，哪怕只是建国门桥右转之后这么小小一段路；请你不要假装不是一个受益者。

## 第十八次试香

第十八次试香，稍稍打破我对香水不分性别的规矩，试了来自阿曼王室品牌的“爱慕”（Amouage），在他们的众多创作中，我谨慎小心却又纯凭颜色选了大红色瓶身的“香遇旅途男士”（Journey Man）。

沙龙香水一直有一个香气不分性别的核心理念，否则我不太会把它归入非常纯正的沙龙创作。因为如果你试图去规定消费者的性别，那么它本身就是个商业逻辑，而不再是一种随便使用者自由取用的创作思路。而“爱慕”给香水分性别的理由也很简单：中东没有我们的性别观那么豁达，市场需要，没有办法。

我后来想想，“爱慕”确实有着世界上数一数二的用料和做工，“香遇旅途男士”这支香水也确实真材实料、细腻出挑，就接受它理念上的瑕疵了。

这是一支复杂的香气创作，当你用非常躁动的情绪去试香时，你会感知到一个非常丰富的重口味香材拼盘，好像什么吃重的气味都有了，像是皮革的磨砂颗粒、烟草的低沉沙哑、焚香的焦黑包覆——那简直就是一道无法下咽的东方香辛拼盘。你必须用非常条分缕析的冷静心态去闻这支香水，你会发现所有的这些看似盘踞在一起的香材，一直围绕在一个非常青绿而微微辛辣的气味周围，因此虽然所有的香材看上去跟其他重口味的东方香辛香水区别不大，但正是这个主轴的存在，把“香遇旅途男士”跟其他的东方香辛香水完全区分开来——原产自中国四川的天然花椒，就是这个难以被取代的特殊的主轴。青花椒那种介乎绿意与辛辣之间的别致香气，使得“香遇旅途男士”更加笃定，也更像它的名字——“旅途”。

不论一段旅途或远或近，我们都会遇到很多人、很多事，我们喜欢的、不喜欢的，这才是旅途的意义。但如果你急着下结论，就难以抓到在路上的那个状态——那个花椒香气，让一切其他的东西成为点缀，你永远知道自己是谁，想要什么。

“爱慕”的艺术总监克里斯托弗·庄（Christopher Chong）借由“香遇旅途男士”白描自己从香港巷弄到伦敦，最终成为香气沙龙的艺术总监，一路走来的起伏与笃定，也是言辞足以达意了。

## 关于品牌 Amouage

1983 年，阿曼王子赛义德·哈马德（Sayyid Hamad）萌生了重新定义阿拉伯古老制香工艺的想法，于是“爱慕”在阿曼王室的支持下成立了。一开始只是作为皇室礼品赠送给王族的亲戚或贵宾，后来增加零售部分面向公众销售。在成立后的三十几年里，“爱慕”一直是香水世界里具有阿拉伯风情的最佳代表。

2006 年，香港创意总监克里斯托弗·庄上任，在内部开始了一系列的创新——将之前推出过的香水大刀阔斧地重新筛选，留下的整合成经典系列（Classic Collection）。品牌邀请英国珠宝公司“爱丝普蕾”（Aspreys）设计新的水晶瓶身，男士香水的瓶身形似苏丹国剑的传统剑柄，女士香水的瓶身的设计灵感则是来自阿曼的鲁维清真寺。

近年除了香水，“爱慕”还增加了身体护理、蜡烛等香气周边产品。

“真正的旅人爱着一路上的风景，埋头赶路。”

▼

性格

**温暖 / 深邃 / 宽容 / 成熟**

季节

**秋冬**

场合

**居家 / 通勤 / 约会 / 商务谈判 / 办公室**

▼

总　评　★★★★☆

艺 术 性　★★★☆☆

表 现 力　★★★☆☆

创 造 力　★★★★☆

可穿戴性　★★★★★

▼

前调

**四川花椒 | 香柠檬 | 小豆蔻 | 橙花油**

中调

**杜松子 | 焚香 | 烟草**

后调

**顿加豆 | 莎草 | 皮革 | 麝香**

▼

官网：https://www.amouage.com

购入：关注微信公号“小众之地 minorite”

EN 25 7429 4830
EN 25 7429 4830

香水作品，灵感来自荷兰国宝级画家维米尔（Vermeer）的名画《倒牛奶的女仆》，是调香师有关视觉跨界创作的另类思考：在没有冰箱的时代，倒牛奶的女仆的房间里是什么味道的？调香师用了浓重的酸腐之气作为前调，同时香气中还有烟熏青椒香气，像是画面中没有洗净又没有晾干的抹布的气味——它刻画了一个狭小且略显肮脏的酸腐空间。这支香水是难得一见的非常传神的艺术创作，但可穿戴性并不好，但这也正是“巴瑞缇”的吸引力所在。

## 关于品牌 Baruti

品牌“巴瑞缇”来自荷兰阿姆斯特丹，施皮罗斯·德罗索普洛斯（Spyros Drosopoulos）是品牌创始人，也是调香师。施皮罗斯喜欢奇妙而复杂的气味，所以他要求自己品牌的所有作品必须在其他品牌里是找不到的，相似都不行。这一点听起来容易，但其实一点也不容易。

“巴瑞缇”在希腊语里的意思是“火药”，旨在为那些不仅仅是想寻找一支好香水，而且想寻找一种颠覆传统体验或者说新的精神食粮的人提供香水。细节、深度、复杂性、永无止境的热情，都在一瓶小小的香水里。

▼

性格

**沉郁 / 老练 / 异域 / 冒险**

季节

**秋冬**

场合

**谈判 / 夜会 / 舞会 / 旅行**

▼

总　　评　★★★★☆

艺 术 性　★★★☆☆

表 现 力　★★★★★

创 造 力　★★★★★

可穿戴性　★★★★☆

▼

香材

**肉桂 | 公丁香 | 生姜 | 小豆蔻 | 胡椒 | 茶叶**

**牛奶 | 可可 | 玫瑰 | 香草 | 麝香 | 皮革**

▼

官网：https://baruti.eu

购入：关注微信公号“小众之地 minorite”

NEVERMORE

# 从此不再

Nevermore I by Frapin

/ 三枝玫瑰和一瓶干邑。/

祖母已经离开很多年，但她的房间还保留在那里。年轻时不觉得想念她，如今五十多岁了越来越理解我记忆里的她的立场，反倒是没事就坐在她屋里的椅子上，那时世界格外安静。

我翻看了几封祖母年轻时的信，都是没有寄出的亲笔，收信人叫埃德加（Edgar），其中一封信里说道："再见了，埃德加，我不得不嫁给洛德·朗（Lord Lang）（洛德是我的祖父），为了母亲和两个弟弟的生计。或许我对你已别无他求，我欠你的仍是那年我欠你的：1 月 19 日，你的生日，我欠你的礼物——一瓶上好的干邑、三枝殷红的玫瑰。如有来生，让我跟你再举杯吧！埃德加，我一袭黑衣面带娇羞呀，你用炯炯的眼神回应我。"

看完祖母的信，我为自己的存在而感到内疚。祖母应该是很爱埃德加，应该是痛恨自己并不能像其他女子那样自由地婚配，甚至连亏欠情人的生日礼物，都只能持续欠着。

埃德加是谁呢？他如今在哪里？想必已经长眠。我翻找更多寄给祖母的信想要找到埃德加的全名。哦，有了，1847年来自巴尔的摩的一封信，署名“日夜思念你的，埃德加·爱伦·坡（Edgar Allan Poe）”。那我知道他是谁了，也知道他在哪儿了。

好了，我们回到现实里吧。我写了个小剧本，推测美国历史上有名的逸事“坡的祝酒人”（Poe Toaster）可能的故事版本。“坡的祝酒人”是指从20世纪30年代开始，持续到2009年的一个或几代神秘人。每逢1月19日，这位神秘人都会在埃德加·爱伦·坡（美国诗人、小说家、文学评论家）位于巴尔的摩的坟墓前，摆上一瓶上好的干邑白兰地，献上三枝殷红的玫瑰花。

据目击者称，祝酒人会打开干邑，倒上一杯，一边嘴里念念有词，一边大口饮下，然后把剩下的酒放置在坟墓正前方。有时，祝酒人会留下一张字条，大部分时间字条上写的是：“埃德加，我从未忘记你。”（Edgar, I haven't forgotten you.）神秘祝酒人存在了八十年，直到2010年1月19日，祝酒人从此没有再出现。八十年，想必第一代神秘人早已去世，可能是他的儿子，又或者已经是儿子的儿子接了班。然而为什么这些神秘的男人要这么做呢？他们与爱伦·坡到底是什么关系呢？没有人知道，所以很多作品以此为题材去推测，就类似文章开头的小剧本那样。

不管是为了什么吧，一个诗人的坟墓上发生什么都不必讶异，更何况是埃德加·爱伦·坡。他潇洒不羁的一生比他规规矩矩的诗句可凌乱不知道多少倍。按照现在的话来说，他死于酒精依赖引发的并发症，死在路边，没人在意，身无分文。

诗是什么呢？诗是逻辑，可以长了一张天马行空的脸，但天马必须相互嵌套，否则就是零散的诗意，至少称不上好诗。诗是锋利的，如一柄利刃，轻松地便能穿透世俗坚厚的铠甲，直达内里，浑浑噩噩半天不知道自己想说什么的，至少称不上好诗。

读好诗，如饮醇酒，更解心宽。如诗人白灵所写“没有一朵云需要国界”；如诗人周梦蝶所写“若欲相见，只需于悄无人处呼名，乃至只需于心头一跳一热，微微”；如诗人痖弦所写“观音在远远的山上，罂粟在罂粟的田里”；如诗人爱伦·坡所写“在黑黢黢的阴曹地府，请告诉我你尊姓大名？答曰：从此不再（Nevermore）”。

## 第二十次试香

第二十次试香，每每有人让我推荐一支独一无二的玫瑰与美酒联姻的香水，我都毫不犹豫地选出它，一如我第一次试到它时一样笃定。它是一支由法国七百年干邑古堡“弗拉潘”（Frapin）出品的沙龙香水，名叫“从此不再”。

香水的创作灵感正是源自“坡的祝酒人”，一瓶上好的干邑、三枝殷红的玫瑰，那么如有一种香气包容了这一切，而又不只这一切，可能还包括爱伦·坡暗黑的写作风格、他嗜酒成性的晚年生活，甚至还要包括他的诗《乌鸦》（*The Raven*）里的句子“在黑黢黢的阴曹地府，请告诉我你尊姓大名？答曰：从此不再”，那么这种香气应该是什么味道的？

前调里迫不及待喷薄而出的黑胡椒香气为整瓶香水定调，浓烈暗黑却不刺激张扬，随后干邑白兰地的香气占据了整个画幅，画面颜色深邃犹如焦糖，透过一些灯光和通透的玻璃杯，你可以依稀发现桌子上摆放着的红玫瑰，玫瑰香气平素虽然强势，但这一刻则变成了一种只存在于一定距离以外的东西，只能模糊看见，无法确凿地触摸。比玫瑰的处境更加弱势一些的是藏红花。不过你是否发现，不论是干邑、玫瑰还是藏红花，它们的色泽竟是那么一致，一种无法准确描述的干邑液体的颜色，相互交织，不分你我。这种气味可以持续很久很久，大概到了第二天早上，你仍然能依稀感受到昨天的“从此不再”，温暖而长情。

这是一支非常适合办公室使用的冬季暖香，可用在羊毛围巾、大衣或者其他毛织衣物上，不论是男士还是女士，只要你穿上“弗拉潘”的“从此不再”，都会瞬间变得疏离而优雅，我也不知道是什么原因，可能在我眼中疏离和优雅就该是诗意盎然和言之有物的吧。

最后简单说两句“从此不再”这个名字。“从此不再”在爱伦·坡的《乌鸦》一诗中重复出现很多次，它是诗中象征死亡和恐惧的乌鸦口中唯一的念白和台词，无论诗人说什么，得到乌鸦的回答都是“从此不再”。仿佛是真理一般的存在。实际上可能真的如此，“从此不再”确实是真理，至少是一种哲思——仔细想想，我们生命里的每一分钟、每一秒钟都将从此不再重复，哪怕拿再多的财富去交换，都没用。

这是我喜欢这支香水的另一个原因，它像好的诗一样，有锋利的刃，直捣问题的核心。

## 关于品牌 Frapin

“弗拉潘”创立于 1270 年，截至目前，弗拉潘家族已经在法国从事长达二十代的干邑生产，拥有七百多年丰富且独特的酿酒经验：从葡萄的种植、采收、压榨、蒸馏到储存，皆承袭数百年前的古法。17 世纪 90 年代，弗拉潘干邑还成为法国的宫廷御酒，也是世界上最古老的干邑家族。

到了 21 世纪，“弗拉潘”决定继承并发扬其近乎完美的制酒技术——开拓沙龙香水创作，这源自高品质的酒精溶剂是高品质香水的原料基石。

这家过去只出产顶级干邑的家族企业，从 2004 年开始推出香水创作。香水的品质承袭了家族对干邑的坚持，他们认为香水与干邑都属于一种对美的追求，需要花时间去创造、酝酿，并且感性地享受其中蕴含的情感。

“弗拉潘”每支香气的灵感皆来自与品牌息息相关的酒类，结合法国本土历史、艺术、风俗，每一支“弗拉潘”的香气，都是一种法式生活的缩影。使用最好的原料，坚持以小规模生产，连香水瓶的榉木盖，使用的都是高品质酒桶木材。

第一瓶香水 1270 以及经典款香水 1697，都受到了极大关注和认可。虽然品牌的定位是以男性风格为主，但其优雅且自信沉稳的气质，也非常适合现代女性所想表达的独立、优雅与勇气。

“在黑黢黢的阴曹地府，请告诉我你尊姓大名？

答曰：从此不再。”

▼

性格

**深沉 / 谋略 / 稳健 / 风趣**

季节

**秋冬**

场合

**办公室 / 商务会谈 / 聚餐 / 宴客 / 赠礼**

▼

总　　评　★★★★★

艺 术 性　★★★★★

表 现 力　★★★★★

创 造 力　★★★★★

可穿戴性　★★★★☆

▼

前调

**黑胡椒 | 醛香**

中调

**大马士革玫瑰 | 五月玫瑰 | 干邑**

尾调

**龙涎香 | 藏红花 | 檀香木 | 琥珀**

▼

官网：www.parfums-frapin.com

购入：关注微信公号“小众之地 minorite”

SKIRON

# 斯凯龙风

Skiron I by S4P

/ 聚如一团火，散似满天星。/

我在公益行业短暂地服务过一段时间，当时作为管理咨询公司外派到公益基金会的项目人员，跟国内一线的公益基金会的同事共事将近一年。那时汶川大地震刚刚发生不久，我们的很多工作都围绕震区展开，非常辛苦而且心理压力很大。

十几年前，国内公益基金会的工作环境并不怎么样，对于具备一定专长的人才来说，也可以用“糟糕”来形容。因为我当时是外派做项目，所以拿的还是原来公司的薪水，但与我一起配合的公益组织的同事不但拿着低得离谱的薪资，做着非常繁重的工作，还要忍受着现在被叫作“键盘侠”的那帮人的冷嘲热讽。那时候他们被挑战最多的就是：做公益还拿工资啊，不应该免费做吗？

可那是他们的全职工作呀！

后来项目结束了，我离开了公益行业，但一直对他们的工作精神非常钦佩。我不觉得公益行业的从业者应该拿很低的薪水，那样也不会有优秀的人才流进这个行业。再者，虽然是做公共服务项目，但是与营利机构一样，从业者同样需要良好的职业素养和专业水准，应该得到合理的报酬，更何况他们的工作环境通常十分艰苦。

那段工作里我印象最深的是很多时候非常专业的人愿意帮我们做志愿者。如果我们花钱去请他们，我们肯定是请不起的。比如汶川地震之后我们搞了一个两千万人民币的公益项目公开招标，主要是资助灾后重建项目。说来简单，我当时负责整个招标的管理、执行和验收，项目的方方面面，每个流程都需要专业人士参与，但可怜的是我们根本没有专家费用，比如成本核算和账目需要会计和审计；合同需要法务；涉及实体建筑类的评标需要设计师等类似的很多困难。但当我找到专业人士请求无偿帮助的时候，他们都二话不说，牺牲休息时间来当志愿者。我记得当时有两个志愿者是“四大”的合伙人，他们不但利用周末参与项目评估，还跟公司申请休假跟我们一起出差去四川做项目审计，路费还是自己掏的，从没跟我们提过什么招待上的要求。

我想正是那次深入产业的经历，让我对人性有了平衡性的认知。虽然最终自己并没有留在那里继续服务，但我一直清楚记得其中一个“四大”的合伙人说过一句话，大意就是说：“我相信不论他是哪一行的，只要能用专业技术帮上你们的忙，都是很骄傲的。”

人各有志，不一定每个人都会去公益组织工作，但是如果能用自己的专长帮到他们，也确实是一种骄傲。比起一腔苦闷和说风凉话，这样的状态是不是更可爱一点？

## 第二十一次试香

第二十一次试香，香水创作也可以用自己的方式关注公共议题，于是 S4P 的“斯凯龙风”（Skiron）就出现在了我们的试香名单中。

Skiron 是古希腊的西北风神，通常西北风神到来预示着冬天的来临，人们开始为期数月的蛰伏过冬，等待春天的到来。所以“斯凯龙风”的香气被打造得异常温暖，就像是冬季被火烤过的甜食表面撒有满满的香辛粉，那是香气中的肉桂和没药；随着东方香辛密度减低和公丁香的酸气渐浓，香水的中调开始显出鼠尾草等芳香植物的气息，使人隐隐感觉到春天要来的消息，杏仁气味的加入像甜食表面盖了一层薄纱，也给香气添了一份奶意。

品牌 S4P 是和平科学（Science for Peace）的缩写，和平科学的内涵是：利用科学手段促成和平。

比如统计心理学用来归纳和预测人们的心理变化：和平基于理性，但往往战争源于情绪，如果能够通过大数据的方式预测个体及群体的心理变化，那么将极大地增加人们对于控制情绪的预期，从而降低战争的可能性。和平科学当然还包括跨种族和宗教的研究，这是一门妥协的技术。如何妥协，在哪些方面妥协，如何进行跨种族谈判、跨宗教谈判，都是和平科学的研究范畴。

当然，香水能做的非常有限，但在 S4P 理念的普及层面，给了学术研究直面普通消费者的机会，这种机会对于双方而言都非常难得，不然可能到现在我也不知道什么叫和平科学。

S4P 的调香灵感来自世界各地的四股风，寓意和平是不同文明之间的动态博弈，并以此命名旗下四支香水，它们分别是:摩洛哥的季风“夏奇风”( Sharky )、古希腊的西北风之神“斯凯龙风”、阿拉伯拯救之风“拉万风”( Laawan) 和法国海岸季风“奥里斯”( Aurisse )。

“斯凯龙风”是四支作品中最温暖别致的美食调香气，杏仁、肉桂与鼠尾草的组合并不多见，想必能救赎在冬天里寒冷蛰伏、期盼春天到来的诸位。

## 关于品牌 S4P

S4P 是一个以艺术香水为媒介的公众倡导项目，由一向特立独行的欧洲小众香水控股集团（Intertrade Europe）的创始人切尔索·法代利（Celso Fadelli）发起。只在其自营香水沙龙“艾弗里画廊”（Avery gallery）售卖,所有收入都会捐赠给翁贝托·韦罗内西基金会（Umberto Veronesi Foundation）的和平科学研究项目。这个基金会以意大利政治家翁贝托·韦罗内西（Umberto Veronesi）的名字命名，其曾出任意大利卫生部部长。

S4P 目前共有四支作品，调香灵感来自世界各地的四股风，寓意和平是不同文明之间的动态博弈，并以此命名旗下四支香水。香水瓶则以白鸽及鹅卵石造型呈现，瓶身设计由意大利知名设计师西蒙娜·米凯利（Simone Micheli）操刀完成。

▼

性格

**温暖 / 开朗 / 简单 / 博爱**

季节

**秋冬**

场合

**约会 / 聚餐 / 独处 / 运动**

▼

总　　评　★★★★☆

艺 术 性　★★★☆☆

表 现 力　★★★★☆

创 造 力　★★★★☆

可穿戴性　★★★★☆

▼

前调

**肉桂 | 杏仁 | 鼠尾草**

中调

**公丁香 | 没药 | 紫藤**

后调

**玫瑰草 | 愈创木**

▼

官网：http://www.intertradeurope.com/brand/s4p-2/

# 亲爱的波力

Dear Polly I by Vilhelm Parfumerie

/ 别人结婚的时候，我该写点什么呢？ /

我有一个特别好的朋友结婚，让我给他们写结婚祝词，说他们要在婚礼上朗读。说实话这对我来说是一个非常艰巨的任务，虽然我有过成功的经验，也有过失败的经验，看上去应该更理解婚姻，但其实我心里也没底。主要是这个命题没有标准答案，别人眼里多么不堪的婚姻，只要当事人觉得值，那么他们死的时候也不会后悔；反之亦然。

“好吧，那你就说说你眼中最简单的美好婚姻吧，我们相信你的品位。”

话都说到这个份儿上了，我也不好推辞。我猜他们应该是厌倦了婚庆公司提供的老掉牙版结婚证词，想要点新鲜的文字，于是就答应了。

憋了好几天，我在工作时、吃饭时、洗澡时就一直在想，顺便也是自省：哪样才算是我眼里美好婚姻的精简模型呢？

这期间我想到很多人，还有自己的很多事，对我而言婚姻必须是粘连的，也必须是孤独的，而且最好这两种状态的转换是双方有默契的，不需要经过太用力的撕扯。

所谓“粘连的”，是相爱的、有细节的。萨米（Sammi）是我一个很亲近的女性朋友，她在新加坡工作，她老公在上海工作，平常各自有各自的生活，每月见一次，过年的时候共处的时间长点，女儿跟着她在新加坡。仿佛他们在生活决策中并没有考虑过彼此，你可以说是一种洒脱的婚姻，我也不知道他们这是否算是开放婚姻（Open Marriage）。他们结婚已经很多年了，算是长久也挺快乐的，但我觉得那并不是我认为的美好婚姻，他们错过了彼此好多细节，关于人的方方面面小事的映射显得空洞。

而婚姻为何必须是孤独的呢？因为人的孤独是特别大的东西，是创造力，从古至今大的创造都不是在温柔乡和老婆孩子热炕头里完成的。创造者要独立思考、独立行动，独自或与事业上的伙伴一起创造，这个部分婚姻只能给生活保障，给不了成就。小时候我生活在大城市的边缘，童年的同学、朋友当中有很多都有着幸福稳定的家庭，有好几套房产、稳定的工作、两个可爱的宝宝，他们不太考虑自己的创造力和独立思考的能力，我其实很为他们的生活感到开心，毕竟衣食无忧，可以一起逛街喝下午茶，但我也不觉得那是美好的婚姻。你作为一个独立的人的价值和追求呢？就这么放弃了吗？那个不是家庭和配偶可以给你的。

所以最后我写了这么一段话：

愿相爱是海汐与凹折的岸

时而远近

却总有轻抚 拍打 粘连的细节

愿孤独是火星照耀洋流

大肆闪烁涌动

隔着一整部航天史与指南针

这是一种非常简单的祝愿，真诚且现实，但它到底有多难实现呢？那我就不管了，反正我只是受邀在他们婚礼上写下我对美好婚姻的看法而已。

## 第二十二次试香

第二十二次我们要试的是声名在外的“亲爱的波力”（Dear Polly），来自巴黎与纽约联姻造就的小众品牌“威伊尔香氛”（Vilhelm Parfumerie），它的创始人是一位英俊的男模让·阿尔格伦（Jan Ahlgren）。

那“亲爱的波力”里的波力是谁？该不会是初中英语书里那只鹦鹉吧！当然不是，波力是一个害怕坐飞机的女孩子。

2012年在纽约机场，“威伊尔香氛”的创始人让·阿尔格伦遇到了一个蜷缩在登机口的姑娘，这个姑娘正在不断地跟身边的陌生人讲话，以缓解即将开始的飞行带来的紧张。这个姑娘叫波力·西尔弗曼（Polly Silverman），长得很好看。于是让·阿尔格伦上前搭讪，讲了个冷笑话：“那我假装你男朋友吧！”天知道假扮男朋友跟消除飞机恐惧症有什么关系。

然而他继续说：“这样我们就可以换位子坐在一起，然后我抓住你的手，你就不会紧张了。”

三年后他和波力就结婚了。

“亲爱的波力”这支香水是让·阿尔格伦为挚爱妻子所创作的，青苹果与红茶的组合非常非常出人意料，那气味几乎是从未有过的新型舒适感。波力总是喜欢在醒来后立即喝一杯红茶，不下床也不洗漱的那种，所以“亲爱的波力”就以英式红茶的香气为中调；让和波力在一起时总是充满了家庭生活的快乐，比如啃着苹果、吃着橙子的周末。而生活本身又是复杂的、亚光面的，就像琥珀和麝香带来的不清晰和不确定。

让在“亲爱的波力”的序言里深情地写道：“这是一支香水，也是一封情书。愿爱人们穿上它时，彼此叨念，即便常常分开两地。”

满是细节，非常动人。

## 关于品牌 Vilhelm Parfumerie

“威伊尔香氛”是新晋的美国小众香水品牌，由活跃在纽约时尚圈的瑞典裔男模让・阿尔格伦于 2014 年在美国纽约创立，其香水则在法国完成生产和包装。

“威伊尔香氛”具有十分鲜明的复古风格和标志性的明黄颜色，这与创始人的瑞典裔背景颇有渊源。该品牌的调香灵感来自创始人的生活感触及艺术审美，常常以一种原材料为主角，创造出不同以往的香气体验。虽然创始人的时尚名人背景为品牌增加了关注度，但“威伊尔香氛”的艺术创造力和香水品质明显不同于一般的名人香水，是非常成功的当代艺术香水品牌。

目前旗下共有二十二支香水作品，其中不乏近两年纽约市场的大热香型，品牌还曾与已经关闭的巴黎精品买手店柯莱特（Colette）推出联名款香水。

▼

性格

**温柔 / 细致 / 深情 / 单纯**

季节

**四季**

场合

**家庭生活 / 与爱人约会 / 婚礼 / 通勤 / 聚会**

▼

总　评 ★★★★☆

艺术性 ★★★☆☆

表现力 ★★★★☆

创造力 ★★★★★

可穿戴性 ★★★★★

▼

前调

**佛手柑 | 苹果**

中调

**红茶**

后调

**橡木苔 | 黑琥珀 | 麝香**

▼

官网：http://www.vilhelmparfumerie.com

DÉJÀ
LE
PRINTEMPS
ORIZA L.LEGRAND

# 春日已到

Deja le Printemps I by Oriza L.Legrand

/ 这世界上到底有几个巴黎？我也不是很清楚。/

在国外生活的时候，常有外国人问我什么是儒家文化的核心，我通常都是哈哈大笑，敷衍而过。我觉得，这种问题过于庞大，明显带有看热闹的心态，关键是我也不知道答案是什么。后来我认识了一个小姐姐和一个小妹妹，这个问题的答案就有了那么一丝端倪。

我们三个是在一个共同朋友的家庭聚会上认识的，对彼此早有耳闻的三个单身女人，几乎在见到第一面时就都觉得还会有第二次见面。然而有了第二次，就有了第三次，我们一直都保持着现有关系圈以外最私密朋友的关系，所以言语也特别肆无忌惮。因此有一天，我们谈论到了巴黎。

小姐姐要去巴黎出差，说是周末出发。小妹一听巴黎，瞬间打开了话匣子而且两眼放光。“我给你推荐一家酒店吧，性价比超级高，不是特别贵而且房子很大。还有一家超级好吃的越南米粉……卢浮宫一定要晚上去呀，非常美……”她滔滔不绝地分享着性价比超高的酒店和好吃的餐厅，越说越开心，不愧是职业的生活方式博主：时不时打开相册，展示着她的战果。那一餐，我听听她口中的巴黎，说说我的经历，小姐姐表现出吸收到很多有用资讯的神情，是非常小团圆式的结局。

我确实对小妹的推荐表现得很有兴趣，但那是我的礼貌。我敢肯定的是，小姐姐不会去住那个酒店，也不会去五区那家越南米粉店。

小姐姐的阶层（请允许我使用这个贬义词），性价比更可能会令她崩溃。我们曾聊到，她喜欢巴黎的罗氏水疗和亨利五世四季酒店，她说特别是四季，早上喝口咖啡，看铁塔上泛着光，想着自己又来巴黎出差了，就是她继续做这份性价比不高的工作的唯一动力。她爱法式条纹，条纹壁纸是她家装修里被我笑话“土”的元素之一。最重要的是，四季酒店让她觉得自己过往付出的一切都有价值，类似于一种求证。她爱精致讲究的晚宴，两个星期之前发过一条朋友圈求助巴黎的朋友帮她订一家餐厅，我想小妹并没在意。

就好比去巴黎出差这么多次，我从来没去过卢浮宫，原因很简单，去卢浮宫需要做功课，而我没有时间做功课。有一个惨痛的教训是上次去奥赛美术馆，我活生生把印象派简史看了个从头到尾，结果在巴黎没干别的，连购物都忘了。中年处女座一犯病，拿自己都没有办法。

可是如果不做功课，不懂那些展品背后的一二三，那你就只是去走马观花的。如果是去走马观花的，你完全没有必要去卢浮宫，你看的热闹可能还不如去圣图安旧货市场来得高潮迭起。

每个人心中都拥有一个巴黎，那个巴黎只活在她所属于的阶层和人格里，但每个巴黎都可以默默共存。我想这更像是与成熟相配套的馈赠：

越年长的人，在儒家文化里浸染越久；在儒家文化里浸染越久的人，越沉默。沉默是东方人的终极审美，“只当你说的话比你的沉默更有价值时，你才说话”。

然后直到有一天，你见的足够多、经历足够多、拥有足够多，但你不宣扬、不解释、不动声色，那就是整个东方追求的东西。

## 第二十三次试香

第二十三次试香，我们必须带有对不一样的巴黎的好奇，因为这支来自昔日皇家香水沙龙“罗格朗”的“春日已到”（Deja le Printemps）从1920年的巴黎穿越而来，创作已历经整整一百年。

以巴黎的春天为主题的香气多是百花争艳、各显娇媚的花果香、柔软花香，但是春日已到——浓浓的薄荷、石榴和无花果叶气息。特别是石榴那种多汁、一压即破，但又清甜如水的特质，几乎成为这支香气的标签。但是香水配方中并没有任何与石榴相关的原料，这或许也是香气创作的神奇所在。

而作为一支声名远播的绿香调作品，绿意在两分钟之后便碾轧果香成为主角。薄荷与无花果叶的搭配，让绿香的色调变浅、变尖锐，不是英伦绿，更不是蒂芙尼蓝，而是草木绿。

最后，作为一支尾调满含橡木苔和雪松气息的香水，它满含着春天里独有的泥土清香，又带有浓浓的乡趣野花独有的清冽和不羁，令人不禁想：这是巴黎郊区的春天吗？

我们常说“香水创作是一种艺术”，这并非一句空话。艺术的本体，总是与表达紧密关联，香气的创作尤其如此。我们此前说过，好的香水一定是好的诉说者：好的起心动念、优质的表达介质、有效的表现力、让欣赏者举一反三的表达效果。因此想要读懂“春日已到”的香气，我们势必要回到 1919 年的巴黎情境下去讨论创作者到底想表达什么。

作为第一次世界大战的战胜国，法国在战争中虽然取得了胜利，却也拼尽了全力：领土遭受了战争洗礼，损失巨大，阵亡者超百万。第一次世界大战在 1918 年冬天结束，而战争的惨烈让巴黎人痛不欲生，战争的后劲一直在法国蔓延。1919 年，拥有数百年历史的巴黎香水沙龙“罗格朗”从战争中恢复元气，着手创作战后的第一支香气。调香师有感于社会低落的情绪和艰难的物质生活，凭借一支活泼清新的郊野春天香气轰动巴黎，令很多人重拾对新生活的向往。

## 关于品牌 Oriza L.Legrand

“罗格朗”（Maison Oriza）在 1720 年由著名皇家调香师让 - 路易·法尔容（Jean-Louis Fargeon）创办。1811 年,路易·勒格朗（Louis Legrand）接手“罗格朗”后,将“罗格朗”发展成法国知名的香水品牌，并在巴黎著名的“圣宝莱”（Saint Honoré）街上设置了精品店。随后，为了纪念这两位对品牌有巨大贡献的人，品牌正式更名为“罗格朗”。

“罗格朗”多次参加国际博览会，皇室背景的加持和奢华的包装、设计，以及本身香气精致的特色，让“罗格朗”在世界博览会中多次获奖。

到了 20 世纪 40 年代，第二次世界大战爆发，“罗格朗”被迫在战争的帷幕下中止营业。

直到 2012 年,家族后人雨果（Hugo）和弗朗克（Frank）继承“罗格朗”。在两人的悉心照料下，“罗格朗”的精品店重回巴黎闹市区，在战争中保留下来的调香古方一一被还原，这个昔日的皇室御用沙龙香正重现往日风貌。

DÉJÀ
LE
PRINTEMPS
ORIZA L.LEGRAND
PARIS

▼

性格

**清新 / 文艺 / 单纯 / 笃定**

季节

**春夏**

场合

**约会 / 户外活动 / 旅行 / 办公室通勤**

▼

总　　评　★★★★☆

艺 术 性　★★★★☆
表 现 力　★★★★☆
创 造 力　★★★★☆
可穿戴性　★★★★★

▼

前调

**薄荷 | 橙花 | 洋甘菊**

中调

**无花果叶 | 三叶草 | 青草 | 铃兰 | 白松香**

尾调

**麝香 | 香根草 | 雪松 | 橡木苔**

▼

官网：https://www.orizaparfums.com/en/
购入：关注微信公号“小众之地 minorite”

FEMME EN SMOKING

# 吸烟的女人

Femme en Smoking I by Pierre Guillaume

## / 人人都只能有一面？ /

我遇到的人里，有一大部分人相信，人只能有一面，就是所谓真实的一面。而通常“不好”的那一面才是真实的一面。

比如一个人有时克制，说话彬彬有礼，有时抽烟、骂脏话，人们就一定会选择相信抽烟、骂脏话的那一面才是真正的他，其他的状态都是伪装。如果一个人忠厚老实，可是她爱上有妇之夫，不能自拔，人们就一定选择相信破坏别人家庭的那一面才是真正的她，其他的状态都是伪装。如果一个人白天爱老公、爱小孩，晚上去夜店蹦迪，人们就一定选择相信去夜店蹦迪那个才是真的她，别看白天假模假式，其实就是个骚货。

这种看法你我都有过的，有时非常自然。而且仔细想想，其实不只是对人，对整个社会的认知也常常是这样的。有一阵子拼多多在美国上市而被人们广泛热议，碍于行业和圈层的原因，我微信朋友圈里有很多人认为拼多多上存在假冒和低品质商品，所以就说拼多多上市是“中国企业赴美丢人”。而有人在反驳这个观点的时候，就说真实的中国并不像一线城市里的白领和他们的同温层想的那样，还是有很多人只买便宜货的。于是就有人说：“你不用拼多多买东西，你不看快手，你不喝瑞幸，你过得有格调，或许这是好事，但世界不是这个样子的。”言下之意是，没有品质的生活才是世界真实的样子。

所以到底什么是真实的样子呢？恐怕两者都不是吧，两者又都是，就是一个东西的不同面向，人也一样，也跟国家一样有很多面，它不是简单的标签贴完就完事了。我们自然不能说中国就是一线城市的样子，但同样，我们也不能说中国就是村里、镇里。

不因为存在欠发达，就不存在财富；不因为去夜店，就不爱自己的孩子。它们之间从来不是，也不应该是，相互否定的关系。特别是有一种论调会放大欠发达、放大一个人不符合公序良俗的一面，然后直接忽略财富就说欠发达的状态才是真实的、不道德的人格才是真实的云云，这对于财富和修为来说是很不公平的，这是对美好的偏见。我觉得当你看到一个人有一面是你认为不堪或不能接受的，你是不是可以把它有效地控制在“这是他的其中一面”这个范围内，而尽量不用“其实他就是个什么样的”这样单一的判断去给“人”这样一个复杂的动物贴上一个简易的标签，然后远离或者让交往也带上偏见？这样的标签不但对当事人不公平，最终也会影响你认识世界的效果。

更何况，你认为不堪或不能接受的，也许正是别人爱不释手的东西。

## 第二十四次试香

第二十四次试香，现在市面上应该买不到这支香水了，它只短暂存在过那么几十瓶，来自巴黎鬼才调香师皮埃尔·纪尧姆为庆祝自己巴黎精品店开业而做的几支限量作品里的一支，名叫“吸烟的女人”（Femme en Smoking）。

有一天，一位衣着笔挺的女士，穿了一支白花香型的香水去办公室。午休时，她在楼道里或者楼下草坪上抽了一支淡淡的烟，可能是因为迎风坐着，所以烟的味道沾染了衣服，也沾染了早上那支白花香，所以那里面有茉莉、百合、栀子花的清冽香气，也有香烟熏蒸过的烟气和燃烧感，最后残存一丝抽过烟后手上的余香，久久不散。这就是这支“吸烟的女人”的全部气味表达。

但神奇的是这支香水里并没有烟草香气，这种香烟的熏蒸感来自姜、木质香和一个独特的复合香材黑海芋花香气的组合。这种黑海芋花的香气是皮埃尔的独家模拟，因他觉得黑海芋花的香气跟一般白海芋花差别很大，天生带有一种烟草气息，但是仍然保有白花香气清冽的轮廓，非常别致。而在“吸烟的女人”这支香水里，主体就是这种黑海芋花的香气，他觉得这气味像极了一个果敢而淡定抽着烟的女性。而实际上也确实如此。

得到这支香水的契机也很妙。在我得知皮埃尔为巴黎精品店搞了几支限量作品之后，我要求他从中选一支他眼中的我送给我。他丝毫没有犹豫地拿过来“吸烟的女人”，我说：“你确定这是我吗？”他说：“你知道吗，上次你来我这里的时候，我看到你在门外跟同事一起抽烟，当时这支香水还是实验室版本，我就觉得这个气味对了，这就是抽着烟的你。”

啊，我其实不抽烟的，但只要到了国外，我就特别想手上拿根烟，我也不知道为什么，因为巴黎那个环境，就会促使我抽烟，觉得不抽烟对不起巴黎的松弛。那也是我的一面吧，尽管绝大多数时候我都不是那样。

“吸烟的女人”制作了五十瓶，卖完就真的不再出了，所以很多人都没机会试那种神奇的黑海芋花香气到底是什么样子的，连官网上也没有这支香水了。

▼

性格

**多面 / 成熟 / 稳重 / 戏剧性**

季节

**四季**

场合

**办公室（中层以上）/ 交际 / 商务 / 恋爱**

▼

总　　评　★★★★☆

艺 术 性　★★★☆☆
表 现 力　★★★★★
创 造 力　★★★★★
可穿戴性　★★★★☆

▼

香材

**姜 | 桧木 | 黑海芋花 | 鸢尾 | 檀香 | 雪松**

▼

官网：未在网络发售

L'ORIGINAL
PRÉPARATION PARFUMÉE
ANDRÉE PUTMAN

# 冷冷之初

L'Original I by Andrée Putman

/ 冷静一点，理智一点，会不会是代际唯一的出路？ /

爸爸过年的时候不小心从楼梯上摔了下来，粉碎性骨折，我大年初二在上海出差，当时并不在场。等我接到电话的时候，他已经被送进医院准备做手术了，我就赶紧从上海赶回了北京。

手术安排在仍处于过年气氛的一个中午，我和我妈看着他进了手术室，我就去公司忙我的事，过了两个小时我觉得手术差不多快做完了，就赶去了医院。我到的时候手术还没有做完，我就在外面长椅上等着。

这个手术室是个有很多间小手术室同时在做好几台手术的大房间，共用一个大门，所以每推出来一个病床，家属们都会围上去看看是不是自己的亲人。

我看到一个戴眼镜的老婆婆坐在我旁边。可能因为腿脚不好，所以有病床推出来的时候她只能勉强站起来看看，回手拉着那种老年人常拉去超市买菜的两轮小车，小车里满满当当塞满了东西。这个时候我找的护工终于来电话了，因为过年，所以找个好用的护工特别费劲。

挂了电话，老婆婆轻声试探性地问我："我问您一下，找护工贵吗？多少钱一天啊？"我回答说："一百五十元一天。"她念叨了一句："那可真够贵的，可是过年真不好找啊。"

从护工问题开始，我跟老婆婆聊了起来。她七十四岁，老伴儿八十三岁，现在正躺在手术室里，从早晨八点一直到现在也没出来。前几天吃午饭的时候正说着说着话，她老伴儿就从椅子上溜了下去，口吐白沫，不行了。婆婆立刻打了120，叫了邻居帮忙。她老伴儿命是保住了，却一直住在重症监护室里，这已经是第二次手术了。婆婆每天自己坐公交车来回送饭，但是加护病房也不让家属进，她就每天备好饭在病房外面坐着，自己饿了就吃一点，主要是怕错过见老头子最后一面。

她拉一个小车每天来回，医生和护士都看不下去了，就跟她说："你老伴儿这次手术之后很快就不用住重症监护室了，你赶紧给他找个护工吧。"于是她反复问我："丫头你说如果不用住重症监护室，是不是我老头子的命就保住了？是不是就好转了？"

"对。"

"你们没有儿女吗？"我多嘴问了一句。"我有个儿子在澳大利亚，我也没告诉他。"老婆婆说这个话的时候突然间变得特别勇猛，就是那种她能搞定，这都不是什么大事的样子，"他在澳大利亚政府工作，我知道他不能请长假，澳大利亚的房子还得还贷款，孙女也要上学，这里我能应付，他来了也帮不上什么忙。"

"丫头啊，跟你说说话，我心里舒服多了。不用担心我，我没事，硬朗着呢。"她说着，我握着她的手，她的手很暖和，宽大有力的那种。

没过多久，她老伴儿就被推出了手术室，她拉着她的两轮小车，带着满满当当的东西，缓慢地跟着病床上了电梯。我全部能做的，也就只有把我好不容易找到的护工先介绍给她了，我可以在网上再找一个。

这不是一个手术室外的巧遇，这是中国社会从未有过并即将经历的代际难题。一胎化浪潮中生育、成熟、变老的他们，如今不可能为了自己的养老将儿女拴在家门口。北京仍如是，小县城又当怎样？除了社会化养老的普及以外，或许我们应该给老婆婆的理智和冷静鼓掌。这里我们试图不去讨论孝与不孝，每一个中年人都背负着最沉重的社会责任，我想我们该讨论的是如何不被情绪绑架、不怨怼、不苦情，面对紧急情况学会迅速自救与救人。

我总觉得，与其每年一到年节，主流媒体都开始渲染承欢膝下、团团圆圆回家过年，不如允许所谓的孝顺多一些不同形态，给人们一些自由裁量，教上一辈人一些实用的技巧和遇事冷静的心态，在即将到来的老龄化社会里可能来得更加实在。

## 第二十五次试香

第二十五次试香。巴黎室内设计界的女神安德烈·皮特曼（Andrée Putman）请来曾经调制出“蒂普提克”（Diptyque）“无花果”和“冥府之路”（L’Artisan）的大调香师奥利娃·贾科贝蒂（Olivia Giacobetti）来调香。安德烈·皮特曼说她想要一支全世界独一无二的味道，疏离且冷静。然后奥利娃·贾科贝蒂就真的做到了。我们要试的，正是这来自安德烈·皮特曼的第一支香水作品“冷冷之初”。

2013 年安德烈·皮特曼在巴黎病逝后，她的女儿奥利娃·皮特曼（Olivia Putman）在重新整理母亲作品的时候发现了这支“冷冷之初”，它用睡莲、中国花椒和浮木，勾勒出一幅静谧而深远的泉之源头。那气味深邃、冷静而且让人时刻保持清醒，像极了极深极深的泉眼，奥利娃觉得那正是她的妈妈，是妈妈在自己心中的形象，是从小看到妈妈全神贯注工作时的样子，所以特别在新的香水线中保留了这支作品，用以怀念母亲。

这支香水是非常特别的淡水香气，通常人们热衷的水香调要么是咸咸的海水，要么是醛香浓郁的春水，从来没有人能做得出来真正疏离、冷静、深邃的泉水香气。那气味似远若近，貌似可以被捕捉但你永远抓不到它。它可以使你波动的情绪瞬间平静下来，然后回归理性与思考。

因此，“冷冷之初”被称为这个世界上最独特的味道之一，没有任何品牌的任何香水和它相似，引你不自主地深吸深吸再深吸，像个青藤编织的无底洞。

## 关于品牌 Andrée Putman

法国国宝级设计师安德烈·皮特曼，一生得了超过二十个国际奖项，赢得了不计其数的美称——“棋盘女王”“室内设计界的可可·香奈儿”（Coco Chanel）等。就连卡尔·拉格斐（Karl Lagerfeld）和圣罗兰（Yves Saint Laurent），都非要邀请她来做店面设计不可。

法国艺术评论界说道："如果法王路易十四还在位，一定会邀请皮特曼女士设计凡尔赛宫。"而让安德烈·皮特曼一战成名的代表作是1984年的纽约摩根酒店（Morgan's Hotel），她利用低廉的成本，完成简单的黑白混色棋盘设计，具有极强的视觉冲击力。

2001年时安德烈·皮特曼请来了大调香师奥利娃·贾科贝蒂共同创作其第一支香水，也就是后来改名为"冷冷之初"的这一支。安德烈·皮特曼于2013年离世后，她的女儿奥利娃·皮特曼，以香水作为继承母亲和怀念母亲的方式，在2015年与意大利小众香水控股集团合作，以母亲在昔日生活中的各种细节为灵感，创作了一系列香水作品。

L'ORIGINAL
PRÉPARATION PARFUMÉE
ANDRÉE PUTMAN

▼

性格

**清新 / 安静 / 深邃 / 冷峻**

季节

**春夏**

场合

**商务会议 / 阅读 / 上课 / 聆听 / 办公室**

▼

总　　评　★★★★☆

艺 术 性　★★☆☆☆
表 现 力　★★★★☆
创 造 力　★★★★★
可穿戴性　★★★★☆

▼

线性香材

**睡莲 | 中国花椒 | 浮木**

▼

官网：http://www.studioputman.com
购入：关注微信公号“小众之地 minorite”

DOM ROSA

# 粉色之彼

Dom Rosa | by Liquides Imaginaires

/ 你应该想不到，为什么葡萄园里要种玫瑰花吧。/

某年夏天去一个法国朋友在乡下的家里玩，到最后百无聊赖，都是郊野风光。于是她提议："我带你去附近白丘产区的葡萄园看看吧，那里可是法国数一数二的香槟葡萄产区，我们可以去酒庄参观，而且离我这里不远。"于是我们欣然前往。

葡萄园跟我想象中的样子一致，除了在整齐的葡萄排架的开头，你会发现一丛一丛的玫瑰花。当时正是开花季节，殷红的、粉色的不同品种的玫瑰盛放，我一度误以为自己是来到了玫瑰园，马上要采摘做精油了。在玫瑰丛的后面，葡萄架还没有上果，绿油油的并没有什么看头，于是我们草草结束，就到酒庄喝酒参观去了。

就这么样，我一直想当然地以为葡萄园里种玫瑰，应该只是园主人的特殊癖好，或者能够让葡萄园不那么单调，看起来漂亮一些。直到遇见"幻想之水"的创始人之一，巴黎知名设计师菲利普·迪梅奥。

对菲利普印象最深的一个场景，是他用纤长而白净的手指，徐徐翻起一张张塔罗牌，然后用字正腔圆的巴黎腔给我解说着这副他发明的“幻想塔罗牌”与他创作的艺术香水品牌“幻想之水”之间微妙的对应关系。

当翻到一张牌面写有“牺牲”（Le Sacrifice）的塔罗牌时，他请我试香那支与此牌相对应的香水作品，一罐灰紫色的液体非常持重，既不轻浮也不妩媚，香水名叫“Dom Rosa”，当然那时还不曾有中文译名，但后来我在把它引入中国市场的时候，译为“粉色之彼”。

当时那支香水给我留下了非常深刻的印象，因为它是我从没体验过的香槟玫瑰：那香水连香槟的气泡感都做得逼真至极，甚至好像隔着喷头都能感觉到气泡爆裂后沾湿鼻尖的那个瞬间。玫瑰被香槟渲染得极其娴静、安逸，与一般玫瑰香水的甜美完全不同。

但是似乎，塔罗牌牌面的“Le Sacrifice”，翻译成中文是“牺牲”，这与欢愉冒泡的玫瑰香槟没有丝毫关系。香槟牺牲什么？什么为了香槟牺牲？

我想在多数人眼中，玫瑰代表浓烈的爱情，但鲜有人知，种在葡萄园里的玫瑰并不仅仅代表爱情。

事实上，我们几乎在世界上任何一个葡萄园里都能找到玫瑰花的身影，而其中原因可能大大出乎我们的意料：是玫瑰花的自我牺牲，换来了葡萄园的丰收，换来了人们趋之若鹜的美酒。

玫瑰花与葡萄虽然归入不同植物属种，但都容易感染两种非常严重的病害：一种会造成植株绝果，无法收成；另一种会造成叶子枯萎，危害整个葡萄园的生死。

然而虽然两种植物都容易感染这两种病害，玫瑰花却比葡萄更加娇嫩、脆弱。正因为这样的属性，葡萄农通常会通过玫瑰花的健康程度来判断葡萄园是否遭到了病害侵袭，而玫瑰花的娇嫩与柔弱，恰恰成全和保护了葡萄园的健康和收成。

玫瑰花不仅代表爱情，还在葡萄园里牺牲自己，成全一壶佳酿。

菲利普·迪梅奥一段在法国中部葡萄园的生活经历，让他深深有感于玫瑰花的牺牲，在2013年创作了“粉色之彼”。菲利普通过这支“玫瑰花加香槟酒”的“粉色之彼”，将牺牲的玫瑰和被玫瑰保护的葡萄酿制的香槟美酒融于同一瓶香水中，交相辉映，不分伯仲。我想这是一种基于第三者一厢情愿的善意吧。或许对于玫瑰而言，这是一种欣慰与幸福，如果不是，至少是一种赞颂与补偿。

有时我们牺牲，抱有大义凛然的主动，做好了一切准备，换取道义和崇高；有时我们牺牲，被动或称为惨遭暗算，但是请不要怨怼，牺牲就是牺牲，它本身就已经足够美好了。

至此，我多年之前的误解，也被记忆自动解锁、迭代。

## 第二十六次试香

第二十六次试香，是我最开心的那种体验：就是看似陈旧的题材，比如玫瑰，但是遇到灵光一现式的创新，比如把香槟的逼真气泡感置于玫瑰之前的“粉色之彼”。

对我来说，创新总是比老成持重、因循守旧来得迷人。旧法就算掌握得炉火纯青、滴水不漏，我们称为“大师”，却难掩平庸和滑腻。创新就算稚嫩而不严整，却预示着更多可能性，也更多元化。视觉艺术如此，嗅觉艺术亦如此。

除了艺术性表现不错之外，“粉色之彼”的可穿戴性也出人意料地非常好,也就是通常人们说的“好闻”。前调中保加利亚玫瑰加上香槟元素、梨子香气，就像香槟气泡翻腾在左右，飘飘然，有细小气泡爆裂的窸窸窣窣；中后调却转为慵懒的雪松和稳稳的愈创木，舒适而不妖娆。整支香水的裹身度很好，不是近距离接触就不会嗅到你身上的香水味，这样的香水尤其适合那种关系复杂的办公室，避免因气味造成不必要的误解和麻烦。

## 关于品牌 Liquides Imaginaires

“幻想之水”是由巴黎知名设计师菲利普·迪梅奥和香气哲学家戴维·弗罗萨尔（David Frossard）共同主理的法国先锋沙龙香水屋，总部设在巴黎。“幻想之水”是哲学与香气的联合创作，每一支香水都试图阐述创始人的一个哲学观点，涉及自然、人与宗教，之所以取名“幻想之水”是因为品牌想要创造出这个世界上尚不存在的、只存于幻想中的、独一无二的气味。

发愿很宏大，但他们真正地把宏愿实现了：香水以三部曲的形式不断用独特的气味阐释着创作者对哲学命题的思索，比如探讨什么是人与人之间最好关系的作品“骚动之云”（Tumultu）；什么是人与人之间最坏关系的作品“堡垒之殇”（Fortis）;什么是人与宗教之间关系的作品“圣洁之水”（Sancti）；等等。

第二十六次试香的主角“粉色之彼”，则是圣酒三部曲的第一支作品，歌颂玫瑰在葡萄园里的被动牺牲，另外两支分别是代表勇气的“血色之木”（Bloody Wood）及代表英雄主义的“拉贝洛之勇”（Bello Rabalo）。

有人认为艺术不分高下，我不同意这种观点。我觉得艺术的高下就是创作者思考层次的高下。而对于哲学命题的求索，正是人类至高无上的存在形态。香水作为一种艺术时，如果一支香水能带领我们进入“我们是谁？我们从哪里来？到哪里去？”这类问题的思考语境的话，那么我会说这是真正高级的东西，高级的创作。

我说过，“幻想之水”是巴黎在这五年间给世界的最大礼物，到现在我仍觉得此言并不为过。

DOM ROSA
- EAU SANGUINE -

▼

性格

**温柔 / 亲和 / 低调 / 雀跃**

季节

**春夏**

场合

**办公室及密闭空间 / 日常通勤 / 约会 / 出游**

▼

总　　评　★★★★★

艺 术 性　★★★★★
表 现 力　★★★★★
创 造 力　★★★★★
可穿戴性　★★★★★

▼

前调

**香槟 | 柚子 | 梨**

中调

**玫瑰 | 公丁香 | 乳香**

尾调

**木质香 | 雪松 | 香根草 | 愈创木**

▼

官网：http://www.liquidesimaginaires-cn.com
购入：关注微信公号“小众之地 minorite”

TOM FORD
WHITE
SUEDE
EAU DE PARFUM
50 ML

# 暗麝心魄

White Suede I by Tom Ford

/ 最难认识的，反倒是那些变化很大的老朋友。/

简一开口，我就意识到她不再是我记忆里的那个她了，她是谁呢？可能需要重新认识、重新定位。那是在去年的一个行业高峰论坛上，我请来了很多业内大佬和机构负责人，也请来了曾经是我员工后来离职的几位前同事，简就是后者，我曾经的下属，而且是很笨、很不开窍的那种。

我认识简是在我工作的第一家公司，当时我是刚刚升上去的部门经理，她是被老板安排到我部门的新员工。我问老板："什么来历，为什么我没面试就进来了？"老板说："不是关系户，原本在浙江当中学老师，教英语的，为了梦想辞掉工作来北京。有潜力、有魄力，但光看简历肯定进不来，我特招的。英语专八，你带一带吧。"

我当时一听这话，也挺受感染的。能有这样的魄力，说明这人挺狠的。结果见到简后就大失所望，这不就是一个大大咧咧的中年大姐吗！当时她才二十五岁，但是身上那股笨笨的、很执拗的，非要把事情做成的劲儿真的让人又爱又恨。

后来我从那家公司离职，自己开了公司。之后她也从那家公司离职了，某天晚上来找我聊天，我就说要不跟我干吧，工资是不高，但是还挺锻炼人的。于是简就开始跟着我负责对外合作，后来还兼管公共关系。感觉上依旧是傻乎乎的，有时还会犯很低级的错误，被我劈头盖脸骂一顿。那两年她大概哭了好几百次吧。

后来我离开了北京出国念书，她也离开了我的公司，开始准备考北大的研究生。说实话我一直以为她是在开玩笑，她一个二本毕业多年，且毕业后没摸过一天书的社会人士，听起来就是那种不靠谱的多年考生。我怕她走火入魔，还特别劝她："我们根本不管北大研究生毕业叫北大的，因为研究生跟本科比水分很大，你别有执念了。"这个"傻大姐"也只是随意傻笑一下。几个月后放榜了，她跟我说她的考研成绩是系里的第一名，就差面试了，如果不被走后门的同学挤掉，再开学她就是我师妹了。我挺吃惊的，我心想要不谁走走后门把她挤掉吧，如果她就这么如愿以偿了，周围那些比她聪明的人得多不舒服啊。

再后来，我就很少听到她的消息了。听说研究生毕业后她去思科待了一段时间，又跳槽去了某个非常红火的民族手机品牌做伊朗市场的营销和公关，再后来又从伊朗市场转去做菲律宾市场，去年她已经升到了该品牌菲律宾市场的副总裁，管理着上亿人民币的市场预算。

好了，这就是简的故事。回到行业高峰论坛那个场景，她的圆桌是跟几个机构的老大对话，这是她以前最不擅长的事：她会手抖到拿不住麦克风，会因为语无伦次而词不达意，会因为不知道看哪儿而翻白眼。

但是，那天这些"毛病"她都没有犯。她刚刚下飞机，并没做什么准备，但她连串接不同嘉宾的过场都说得特别诚恳、特别顺，就像是一个身经百战的老主持人，或许也不应该说“像是”。只是她后来的身经百战与我不再交织罢了。时间会加速改变一个上进的人，所以你知道你那些上进的老朋友现在是什么样子吗？你需不需要抽出一天时间来把他们重新定个位？你若想做英雄不怕见到老街坊，是不是就该与时俱进一点？

若你能从心里承认他们的变化与成长，欣赏他们现在的样子，他们将会特别开心。

## 第二十七次试香

第二十七次试香，我拿了一支普及度很高，应该是这本书里最知名的牌子汤姆·福特（Tom Ford）的香水“White Suede”出来，它有个很美妙的中文名字——“暗麝心魄”。

我之所以把一支处在沙龙香与商业香边缘的香水放进这本书中，归根结底还是因为这支香很特别：出人意料的前调、中调、后调变化，越来越接近主题。

初闻“暗麝心魄”的人，还有习惯用二十秒判定一支香水生死的人，都会有一样的悲观甚至是绝望，因为初喷的气味太一般了，是一种混杂了浓郁花香和东方香辛的强势气味，让人闻了之后只能皱眉头：请问这是哪门子白色？哪门子麂皮？于是很多等不到二十秒钟的消费者，就在网络上作“暗麝心魄根本什么都不是”之类的评价。

但是老实讲，“暗麝心魄”那花香浓郁的前调真的非常短，可能就是在第二十一秒的时候，气味就开始不断地加速变苦涩、变颗粒状、变柔懦，你会发现有很多新奇的、不同于浓郁花香的气味出来了，当然最明显的撕裂者就是马黛茶。马黛茶的那种粗糙、苦涩，迅速中和了花香的浓郁，然后把气味皮革化、粉尘化。一分钟过后，“暗麝心魄”已经跟开头的花香、东方香辛完全没有关系了，除了马黛茶你会感觉到琥珀气息、小羊皮气息，甚至是一种与原料风马牛不相及的幽灵香调——麻布的粗糙触感。

再过一段时间，马黛茶的清苦就完全不见了，“暗麝心魄”变成了一张柔柔软软、表面带有粉尘的优质皮革，而且是越来越软，越来越麂皮化，到最后就连那麂皮上的小绒毛都清晰可见。如果这时让你用第一感受说出这张皮料的颜色，你几乎不会有第二种想法，一定是那种灰白色，可能还有点脏脏的，肯定不是煞白的。

“暗麝心魄”作为一支并非按照金字塔结构呈现的香水作品，能有如此丰富的气味变化，是很难得的。更加难得的是，这种不断变化的气味越来越接近它的名字，越来越能让人感知什么是白色，什么是麂皮质感。就算汤姆·福特并非传统意义上的沙龙香品牌，其实带有很浓的商业色彩，但我仍对“暗麝心魄”给予很高的评价。

当然，欣赏“暗麝心魄”的人最好带有与时俱进的眼光，然后耐心一点，有时候“懂得拥抱变化”真的不是一句鸡汤，它更是一种心态和技巧。

最后，我就省去对汤姆·福特的品牌介绍了，如果实在没听说过，就去离你最近的专柜试个香吧。

▼

性格

**温暖 / 野性 / 自信 / 有感染力**

季节

**秋冬**

场合

**睡眠 / 创作 / 演说 / 聚餐**

▼

总　　评　★★★★☆

艺 术 性　★★★☆☆

表 现 力　★★★★☆

创 造 力　★★★★☆

可穿戴性　★★★★☆

▼

香材

**玫瑰 | 藏红花 | 马黛茶 | 乳香 | 铃兰 | 檀香 | 绒面革 | 琥珀 | 麝香**

▼

官网：https://www.tomford.com

# 赫曼在我身旁，像个影子

Hermann A Mes Cotes Me Paraissait Une Ombre I by Etat Libre d' Orange

/ 没有人幸福，更没有人会胜利。/

场景一　2016 年 7 月 30 日　19:00

我有一个来自中国台湾的男同事，叫阿森。阿森有两个小孩，稍大的是女儿，小的是儿子。一天阿森跟我说："我女儿好像有些问题，我得回去一趟。"

听他这么一说我担心起来，问他："严不严重？需不需要休息一段时间照顾女儿？"

他说应该不太严重，但已经是个问题了。

小女孩到了有些叛逆的年纪（四岁多），父亲不在身边，她会迷恋年轻的幼儿园男老师（这不是生理需要吗？我心想）。

还有比较严重的一次是，她跟妈妈因为一件小事起了冲突，结果妈妈不小心说出一句："我就当没你这个女儿！"说完，妈妈就后悔了，当时就道歉，然后她以为没事了。结果过了几天母女俩又发生争执，女儿哭着跑开说："你就当没有我这个女儿！"

阿森觉得这确实是个问题了。

阿森说："我知道你觉得这些太细微、太敏感、太算不上一档子事。"（他还蛮了解我的。）

但他接着说："我们选择让女儿做一个被保护得严丝合缝的公主，不想她承受太多东西。"

场景二 2016年7月30日 23:00

刚才，我发了一条微信给阿森："没有人幸福，更没有人会胜利。"

这句话不是我写的，是雨果写的，我刚才读到的。

阅读雨果的诗集《静观集》（*les contemplations*）时不时就会产生被击中要害的瞬间，这就是其中一句非常重要的话。因为这个句子出自《给我的女儿》——《静观集》的开篇诗。

雨果的写作生涯深系两个女儿命运的起落，不论是给予还是接受，都让人心里一热，而后瞠目结舌。一个什么样的父亲才会跟自己的女儿说"宝贝啊，没有人幸福，更没有人会胜利"？

刚刚吃过饭的阿森不会说，我爸也不会说，但他们最好能知道他们还有这样一个选择。雨果选择给女儿们看最赤裸裸的生活，最悲伤的结尾。

忽然想到奈都夫人的那句诗："以诗的悲哀，征服生命的悲哀。"

悲哀就像是灵药，包治一切体会不到幸福的怪病。

场景三 2016年8月2日 21:22

一个朋友给我发来一张照片——她把自己之前的香水都扔掉了。我跟她一点儿都不熟，她只是来我家坐过一小会儿，试了试香。

“你这是干什么？”我问她。

“我想开始自己做选择。”

她说以前每年的生日或平时，都会收到朋友从机场免税店随手送来的伴手礼，或者闺密送来的香水。她用着用着，心里开始觉得空落落的。

“当我遇见你之后，”她说，“我更坚定了把它们扔掉的冲动，我想自己选择我身上的气味。”“挑选的过程不可以错过。”

我心里还是觉得，那也没必要都扔掉吧，可以……比如……可是我给不出更好的建议。

我理解她在做什么：选择即思考，思考才真实。

如果有一天你发现自己做了很多顺理成章、约定俗成、本该如此的事情，不管那看起来多么美，你都是不真实的。

阿森选择让女儿做公主，雨果选择告诉女儿结尾，朋友选择扔了礼物自己选香。

最后，选择不必分高下。

## 第二十八次试香

第二十八次试香，我们遇到了“赫曼在我身旁，像个影子”（Hermann A Mes Cotes Me Paraissait Une Ombre），法国小众品牌“解放橘郡”（Etat Libre d’Orange）2016 年推出的作品。

这个奇怪且冗长的名字——“赫曼在我身旁，像个影子”出自法国文豪维克多·雨果的小诗《两个骑士在森林里的思索》(*À quoi songeaient les deux cavaliers dans la forêt*)。

诗中描绘了两个骑士：一个雨果，一个赫曼；一个怜悯活人、慈悲，一个向往死亡、超脱。雨果与赫曼在漆黑的夜里，在坟墓林立的树林里争论人究竟是活着好还是死了好。

但其实，根本没有赫曼这个人，赫曼只是雨果的影子。自始至终，雨果都是在和另一个自己对话，而环境设定则是：夜里，潮湿的森林中，坟墓群，开着不知名的野花。

这支香水的气味，就是在模仿这首小诗的环境气味：潮湿的森林，所以气味中类似劳丹脂的酸涩与潮霉占据了大量篇幅；漆黑的夜里，所以香材的透光度很差，广藿香的气味有一种浓浓的包覆感；坟墓林立，所以香气中借用土味素来煽动鼻腔关于坟墓、疏松的土质气味的联想；不知名的野花，所以这支香水中的花香不是那种正襟危坐的红玫瑰，倒像是快要开败了的那种粉色的芍药或者月季。

应该说赫曼的调香逻辑非常缜密，所有气息元素的添加都是为表达这首诗的环境设置而服务，精妙而工整，具有极强的表现力。

说句题外话，好的香水总是能令你产生一些改变。正是因为这支香水，引诱我开始读雨果的诗，平常我不太注意他的诗，因为他的几本小说太有名了，而我常常不相信一个身负盛名的小说家会是一个好的诗人，但我今后不会这么想了。

## 关于品牌 Etat Libre d'Orange

“解放橘郡”创立于 2006 年，创始人艾蒂安·德斯韦德（Etienne de Swardt）曾就职于路易威登（LVMH）和纪梵希（Givenchy）。他希望创造不受任何传统香水思维禁锢的品牌和产品，以强调原创性、大胆性、真实性为特色，邀请极具天赋和想象力的调香师参与设计，最大限度地保护他们的创作热情，并给予其完全的创作自由。

独特的味道和古灵精怪的名字都极具颠覆性，鼓励人们释放充盈的欲望、揭示未知的秘密、打开内心隐秘的纠结。

与其他品牌把瓶标贴在瓶身正面不同，所有“解放橘郡”的瓶标都贴在香水瓶的侧角，一条边缘线交汇了不同可能的两面，寓意将精神与个性聚集于此。

雨果除了小说，诗也是耐人寻味的；可贵的是，香气对诗句的表现丝毫不会词不达意。

▼

性格

**忧郁 / 文艺 / 内向 / 思辨**

季节

**秋冬**

场合

**独处 / 户外活动 / 商务会议**

▼

总　　评　★★★★☆

艺 术 性　★★★★☆
表 现 力　★★★★★
创 造 力　★★★★☆
可穿戴性　★★★★☆

▼

线性香材

**土味素 | 麝香 | 刺椒 | 浅粉玫瑰 | 广藿香 | 降龙涎香醚**

▼

官网：www.etatlibredorange.com

# 巴厘风情

Balinesque | by Olibere

/ 你很好，但我不会跟你复合。/

五年前的一个半夜，我刚从一场老胃病发作里缓过神来，整个人有种脱胎换骨的感觉。你从小公寓的厨房里端出一碗三文鱼面，我看了看面——清汤寡水的，但是很好吃的样子，可我实在没有食欲。

“我想去 9 月 4 日大街（Rue du Quatre Septembre），你陪我。”

你说：“好，你必须吃一口面。”

白天游人如织的 9 月 4 日大街，夜里却只剩下零星的光，微微暗哑得不像巴黎。我们走过一个路口的时候，红灯亮了，我停了下来，你说：“你还是那么不巴黎。”然后陪我等狭窄路口的红灯。

就在等红灯的时候，我发现路口用来拦截行人乱走的栏杆上，系着一个用过的保险套，里面的液体还是液体，灵动而稠密。这个保险套很像装置艺术，所以我也不敢亵渎它。只是我们看了一眼它，看了一眼彼此，略带钦佩地笑了。

“你为什么那么喜欢9月4日大街？”你问我。

因为这里有我的生日——9月4日。

你好像想起了什么，投来羡慕的微笑。

在我心里，我从来没有怕过在巴黎遭遇恐袭或者任何不测，原因很简单，这里铭记着我的生，在某种程度上或许也是我的本命。人不怕死，就怕不能死得其所。而一旦你认为可以顺畅地死在那里，那里就是你的故乡。故乡从来不是你出生的地方，否则你的怕死转交给谁？你的坦然同谁捆绑？我在第一本诗集《仁爱路一直走》里写到过类似的句子。

你很吃惊，站在我的右侧。接着你用手臂扶在我的左肩，帮我把身上的披肩整理了一下，像对待你的女儿那么好，那么温暖。

“我想了一下，我们还是不在一起吧。但你知道你现在很好，我还喜欢你就好了。”我说。

你没说什么，一把把我抱在怀里，到最后也没说什么。

天快亮了，我们回到圣日耳曼大街的公寓里。你非要去热那碗面，并一定要我吃完。我说不想吃，你说不行的，只因“碗里的食物都是为你而死”。

碗里的食物怎么是为我而死？面哪有生命，三文鱼哪有生命，罗勒叶哪有生命，腌橄榄哪有生命？可仔细一想，它们确实都曾是条条鲜活的生命。在麦田里、在海洋中、在菜园里、在高树上。

迅速在脑子里过电，我望着你在厨房忙碌的背影，觉得这个男人真的很好、很可爱。

今天中午跟一个女生朋友在一起点了少少的食物，并把食物都吃光了。吃光的时候我就想到你了。想到你的时候我就想到你在9月4日大街紧紧抱住我的瞬间，像要把我镌刻进你的身体里；还有那碗“全部都是为我而死”的三文鱼面。

这种感觉，非常好。

## 第二十九次试香

第二十九次试香，我遇到了来自巴黎沙龙品牌“奥利布尔”（Olibere）的一支得意之作“巴厘风情”（Balinesque）。它讲的是同一种未完成的情感选择：如果回头草很好吃，那要不要吃？

“奥利布尔”的品牌主理人生于巴厘岛，长在法国，曾经是电影制片人，对东南亚和西欧风情都有浓厚的热忱。某一次她回到自己的家乡巴厘岛拍摄短片，在那里遇到了年轻时青梅竹马的恋人汤姆（Tom）。虽然是回去工作的，但是工作之余似乎也跟汤姆共度了一段相当暧昧的时光。

然而工作很快就要结束了，该拍的也都拍完了，她要不要离开“故乡”？很明显那个岛已经不是她日常生活的一部分了。但如果就那么走了，汤姆就只能是那个隐匿在生活中某个角落的汤姆；如果跟汤姆说“一起走吧”，或者，干脆跟汤姆说“我留下来跟你再续前缘吧”……矛盾、纠结。

这支香水要表达的就是这样一种身在巴厘岛准备动身时的复杂心情。

所以香水本身也非常复杂。不能说五味杂陈，但是先后出现了东方香辛料的甘甜和辛辣、竹子的清粉、白花的清冽，甚至最后有神奇的大米和青椒气息，带出雨后独有的冲刷感，非常直观而且异常出挑。与巴厘岛给人的直观印象——热带岛屿、热带水果、热带雨林风马牛不相及，因为它描述的是五味杂陈的旧爱，然而我的选择似乎一直以来都没有那么艰难。

## 关于品牌 Olibere

2012 年，玛乔丽·奥利布尔（Marjorie Olibere）在旅居世界从事电影和纪录片制作行业之后回到法国，正式创立自己的沙龙香品牌“奥利布尔”。

“奥利布尔”作为品牌名称，不单指创始人的姓氏，还有深层的含义——法语中的“O”意味着水，而法语中的“libere”则是“自由”的意思，所以该品牌的香水创作风格也是天马行空、大胆革新式的。

电影作为玛乔丽一直以来从事的行业，成了香气的主要灵感来源。她将镜头中的光影和对白，转换成一款款动人又性格迥异的香气作品。香水瓶的设计灵感来自 Super8 摄影机的造型，电影中的种种美学都可以在“奥利布尔”的香水中发现痕迹。

▼

性格

**猎奇 / 成熟 / 多面 / 善变**

季节

**春夏**

场合

**郊游 / 运动 / 自由且彰显个性的场合 / 与前任见面**

▼

总　评　★★★★☆

艺术性　★★★☆☆
表现力　★★★★☆
创造力　★★★★☆
可穿戴性　★★★☆☆

▼

前调

**竹子 | 生姜 | 小豆蔻 | 孜然 | 肉桂**

中调

**茉莉 | 兰花 | 玫瑰 | 老鹳草**

尾调

**麝香 | 没药 | 檀香 | 岩兰草 | 天芥菜**

▼

官网：https://olibere.com
购入：关注微信公号“小众之地 minorite”

Mystery man

# 国王的书桌

Bureau du Roi I by Dorin

/ 你的书桌会写一首什么样的诗呢？ /

在这篇文章的开头，我们还是陌生人，你可能知道我一点，但也仅有一点而已。如果你想了解我更多一点，那我们就来玩一个有趣的游戏。

通常，我的天气里藏着我的情绪。比如北京连日来大雨倾盆，我就像个气球一样饱和，心情也好不到哪里去。在我的交谈对象里，藏着我的教养。我是自我很大又非常容易被打扰的人，我的不幸经历是遇到一个不对的交谈对象，此后的三个月都会记得他的恶心，但是又必须忍住不能发作。但相反，那些经过自我修剪的交谈对象，并没有给我留下什么印象，可能很快就忘记了。

所以我很难记住写得很得体的书里的任何文字，可能算是一种基因缺陷。我认为读一本书，就仅仅是与作者交谈了一回，他修剪好的言语如果字斟句酌，你也不必把它当作朝圣或者荣耀，其实就只是最简单的交谈；如果一言不合，就算它是什么名著，你也有权利把它扔到垃圾桶里，不要再看也没什么。

所以那些还被你留在书桌上的书，特别是手边书，对你来说一定是一场美好的交谈，或者是令你收获颇丰、令你痛哭流涕，又或者具备一种其他的功能。

基本上我能说：你的书桌就是你的客厅，你看的书就是你与作者的交谈，就摊开在桌面上，那些有意义的交谈参与重塑了现在的你。

所以，我们来做一个有趣的游戏：把这一刻你所在的书桌上所有的手边书，定格下来，从最左边第一册翻起，（因为今天是 8 月 18 日）翻到第十八页，找到第八句话，然后把这句话摘编出来，组成诗的形状，那便是一首你的书桌写的诗。我书桌写的那首诗，是这样的：

主教大人，
嚼舌头的娘儿们
都在唱曲儿
我刚一坐定
女郎就从
另一个与进来时不同的门口
走了出去
夏天到了
青草却少得可怜
即使水沟的内侧也没有草
我真想不出还能有什么东西可以
弄来给罗塞特吃

一条条铺着石砖的崎岖街道
曾经那么有效地抵御了
突然来袭的战争和海盗
而如今
杂草从阳台上沿街垂落
石灰和石块砌成的城墙裂开一道道
缝隙
即便是最好的府邸也难逃
衰败的厄运
我觉得你错了
巴滋尔
当时的巴黎
咖啡馆、酒店已逾 2.5 万家
一般市民也可以
到那里去享受一下
生活的乐趣
有人在更高的历史维度叙述
涵盖整个历史时期或区域
如古罗马或者美国史
传统以来
对香文化发展着力不少的人
价值观已然改变
用香的闲情雅致

已成为不合时宜

落伍的象征

——依次来自《静观集》《世界尽头与冷酷仙境》《娜侬》《霍乱时期的爱情》《道林·格雷的画像》《法国现当代史》《极简人类史》《调香手记》。

看完书桌写的诗，我好讶异，那首东拼西凑的流水账，竟然逻辑清晰且辞藻晦涩，那是最最精妙的诗人们，比如杨牧，都无法企及的境界。

你的书桌会写一首什么样的诗呢？

## 第三十次试香

第三十次试香，我们将要沿着时间和空间的双重线索变换姿态，我们试到的是来自法国香水品牌“都凌”（Dorin）的“国王的书桌”（Bureau du Roi）。“都凌”是一个非常古老的皇室御用香水品牌，从1780年创立至今，一直是凡尔赛宫特许香氛供应商。

“都凌”在进入新世纪后，推出了一系列对历史具有继承感的现代香水创作，但是灵感却始终从未离开凡尔赛宫，从未离开皇室特供的印记。

这一支“国王的书桌”就非常有意思。参观过凡尔赛宫的人都知道路易十五有一张精美的书桌，这张书桌有三层，坚硬的木质表面涂有经久不暗淡的清漆，显出木材原本的纹络。与一般的书桌不同，案台并不是裸露在外，而是像钢琴一样有一个能锁起来的圆弧状盖子，用钥匙打开并向上推起时会吱吱呀呀作响，像是国王将要透露他书桌上的秘密之前的开场演奏。

“国王的书桌”就是在案台盖子被推起的一刹那你会闻到的气味。所以你会闻到一种桌身木材和其上的清漆混合在一起的味道；你会闻到盖子推起之后，桌面空间因为积累灰尘和封闭的空气而产生的那种幽闭空间独有的尘霾之气，恰似一个三十年没有开启的木制衣柜；你会闻到作为桌面装饰的皮革，你会闻到桌面上的书页，你会闻到私密的小抽屉内面的原木似乎与桌面并不是一种，还有喝醉后刚刚离开的路易十五——他出生在凡尔赛宫，喝醉在凡尔赛宫，也死在那里。

这就是路易十五那张被后人艳羡的书桌，当这支香水的后调消失殆尽的时候，这张金碧辉煌的书桌便完完整整地展现在你面前了。像所有抽屉气味爱好者一样，我会想在一个狭小的空间里喷洒这支香气，而不是把它穿在身上，因为它可以让那个狭小的空间充满安全感、充满尘埃落定感。

只是我很好奇，路易十五的书桌会写一首什么样的诗呢？

## 关于品牌 Dorin

当时还叫作“法尔丁胭脂 & 布朗茨”（Fards Rouges&Blancs）的“都凌”于 1780 年被法国国王路易十六及王后玛丽·安托瓦内特指定为凡尔赛宫御用化妆品及香水品牌。1819 年，品牌正式更名为“都凌”。

从 1884 年开始，“都凌”的各种化妆品及香水产品在整个欧洲持续热卖，甚至被出口到美国市场，品牌也在巴黎开设了旗舰沙龙。品牌历史上最知名的香水是诞生于 1886 年的“巴黎山区的空气”（Un Air de Paris Montansier），这是一支混合了鸢尾、白桃及柑橘香气的花香。

历史上的“都凌”不仅其香水产品享有盛誉，其散粉和专门为剧院演员制备的舞台化妆品也代表着整个法国的最高水准。整个 20 世纪 20 年代，是“都凌”在全世界范围内大放异彩的时期，其在美国市场和日本市场均受到欢迎。

进入 1998 年，法国卓越香水公司收购了品牌，并且陆续推出了具有法国风情的系列沙龙香水，有的继承了古方，有的是现代调香师的作品，其原料品质极高，是拥有悠久历史的法国国宝品牌的复兴。

▼

性格

**稳重 / 深沉 / 内敛 / 笃定**

季节

**秋冬**

场合

**私人空间 / 家具与床品 / 谈判 / 通勤 / 商务活动**

▼

总　　评　★★★★☆

艺 术 性　★★★☆☆

表 现 力　★★★★☆

创 造 力　★★★★★

可穿戴性　★★★☆☆

▼

前调

**威士忌**

中调

**雪松 | 皮革**

后调

**广藿香 | 檀香 | 香草**

▼

官网：http://www.dorin.paris

# 阿根廷之水

Eau Argentine I by IUNX

## / 香水一定是香的吗？ /

我之所以会对香水感兴趣，与十几年前那次去法国同学家做客有很大关系。2006 年，我在法国参加暑期学习，在那之前香水给我的感觉就是轻浮，可能那个年代专柜里的香水都太讨好、太香了。

那年我的班上有一位法国同学，他爸爸是独立调香师，我们去他家做客的时候，他拿广藿香原料给我闻，我说在中国这是一种药的气味，叫藿香正气水，这也能算香料吗？打从这个问题开始，我才第一次明白香料不一定是香的，而且大部分都不是香的。

香水也不一定是香的。

那很多人就疑惑了，为什么还要叫“香水”呢？其实“香水”是一个不够准确的中文翻译。英语中的香水“perfume”来自两个拉丁语词根，一个是“per”，即“穿过”的意思；另一个是“fumum”，即“烟雾”的意思。所以“perfume”的原意即为“穿过烟雾”，这是由于香料使用早期，多以焚烧的方式行祝祷之礼时使用，所以没药、乳香这些珍贵的香料,都是以烟雾的形式发香的。直到今天,东南亚还是保留着焚香的传统，所以香水的原意是“穿过烟雾”也不难理解。

解决了“香水”二字中文翻译上的小疏失，我们再回过头来讨论香水是不是一定是香的。

其实人类嗅觉感知到所谓的香，多指花香、果香等能给人带来愉悦感的气息，可是世界范围内的香料那么多，光常用的天然香料就超过五百种，人工合成香料更是数不胜数，怎么可能千人一面呢？每个香料都有它独特的气味，有它的性格。

比如前面说的广藿香，就带有非常明确的药剂气息，味道苦而厚重；比如比较少见的永生花香精，浓稠得几乎不会流动，而其气味更是酸涩难忍，像极了久未清理的陈醋容器；塑造阴暗潮湿感一流的天然香材劳丹脂，取自地中海地区不起眼的植物岩蔷薇，潮湿、酸腐而带有明显的大地气息。这样的香料不一而足，它们都不是香的，所以过去的制香师习惯用它们来做花香、果香的配角，调制出好闻的气息。

但仔细想想背后的逻辑，如果香水变成了表达介质，如果调香是去抒发作者的某种情绪或想法，那么对于创作来说，最重要的就变成了这瓶香水能不能恰如其分地表达作者想要表达的东西，然后欣赏它的人能不能顺利接收到这种表达并且产生共鸣。至于这种有表现力的香气好不好闻，只能说如果恰巧好闻没什么，恰巧不好闻也没什么，因为作者创作的目的也不是为了做一瓶好闻的香水拿来给你用，至少第一目的不是这个。

所以这样很多人就理解了，为什么有些小众香水那么不好闻、不好穿，甚至都不是香的，为什么还能被创造出来，还能被称为“香水”。因为它存在的目的已经不是取悦人类了，它的存在另有目的。

这也是我常说的，消费者视角与审美者视角的差异。这两种视角没有高下之分，也会同时存在于一个人的脑中，只是你至少应该具备审美者的基本意识，不要只从消费者的角度，用好不好闻去评判一支香水，不要对那些“不香”“不好闻”的艺术香水嗤之以鼻，那么这就是很棒的事了。

## 第三十一次试香

第三十一次试香，说完香水不一定是香的，当然要选一支这样的试一试，来试我最爱的调香师奥利娃·贾科贝蒂的私人创作“阿根廷之水”（Eau Argentine）。这是奥利娃为自己的私人沙龙香水品牌“爱纳克斯”（IUNX）创作的第一支作品。

她想用一支香气带我们领略的是，离我们微微有些遥远的阿根廷。如果要为阿根廷做一支香气作品，你会从哪里入手呢？风土人情？春光乍泄？还是好吃好玩的？

奥利娃在从阿根廷回到巴黎之后，脑中久久不忘的是阿根廷的三样东西，于是在2003年，她创作了这支“阿根廷之水”，味道新奇、苦涩，令人难以给出好闻的评价。关于阿根廷的三个意象，奥利娃选取了大米、马黛茶和大麻，最后以愈创木收尾作为基香，你可想而知这是一种如神仙一样的气味混合。

作为奥利娃脑中阿根廷的象征，大米和马黛茶香气非常容易理解，尽管沙龙香水界对使用人工合成的大米香气慎之又慎，因为大米香气非常霸道，常常很小的剂量就会改变整个香气作品的画风，但是奥利娃对大米香气的把控真的是刚刚好，没有过强的人工感，也没有使米香隐匿在深处遍寻不到。马黛茶略带清苦和绿意的香气，恰好把大米的甜中和了一半，使米香变得清苦。大麻香气的加入最不可思议，但奥利娃认为大麻可以彰显阿根廷人那种自由放肆的性格，比如前几年的新闻我还记得，阿根廷妈妈给婴儿喂大麻让他兴奋一点，这当然很荒唐，但也足以看出那种放肆。大麻香气通常是仿香，用其他数种香料去模拟，带有奶香气，也有一种燃烧感，类似于艾草燃烧后的那种感觉。

所以这支阿根廷之水真的非常复杂而且可穿戴性很低，也不会有人认为这是好闻的。但是你在试香的一刹那，心里会咯噔一下，心想这就是阿根廷啊，很阿根廷，阿根廷的气味无疑，你甚至会有那种放肆的画面感，也许关于布宜诺斯艾利斯的夜生活。

我觉得这就是一支香水作品它基础性的艺术表现力，最起码的成功。然后我们再去讨论，它是不是能穿在身上，适合什么场合。

## 关于品牌 IUNX

“爱纳克斯”诞生于 2003 年，最初是资生堂集团与传奇女调香师奥利娃·贾科贝蒂及多位香气创作者合作创立的。2006 年资生堂集团退出，品牌重新归于它创作者的名下。

如今“爱纳克斯”在巴黎第六区开设了精品沙龙，并在位于第一区的巴黎精品酒店“科特”（Cotes）进行售卖。

“爱纳克斯”这个名字的来历十分复杂，据说在古希腊神话中“IUNX”这个词是指代一位静止的猎人，他狩猎的方式很特别，会靠香气吸引猎物自己上钩。而品牌以“爱纳克斯”为名，意在吸引喜爱自由创作的气味欣赏者。

“爱纳克斯”的香气作品多以诗歌、旅途、心绪为灵感，气味充满抽象和独一无二，同时又非常现代。“爱纳克斯”的专属调香师就是其创始人奥利娃·贾科贝蒂，这位鼎鼎大名的传奇女调香师曾创作出大量传世经典沙龙香水作品。奥利娃·贾科贝蒂为“爱纳克斯”所做的创作相比其日常创作更加天马行空、不受拘束，因此“爱纳克斯”堪称独立调香师品牌的典范。

N°01 EAU ARGENTINE
L U N X

▼

性格

**猎奇 / 腹黑 / 特立独行 / 蔑视规则**

季节

**秋冬**

场合

**看展 / 展现独特审美 / 冥想 / 旅行**

▼

总　　评　★★★★☆

艺 术 性　★★★★★
表 现 力　★★★★★
创 造 力　★★★★★
可穿戴性　★★★☆☆

▼

香材

**大麻气息 | 大米 | 马黛茶 | 木质香气**

▼

官网：www.iunx-parfums.com

Love
les carottes®
EAU DE PARFUM
HONORÉ DES PRÉS
PARIS

# 爱上胡萝卜

Love les Carottes I by Honore des Pres

/ 早日明白生活的残酷，早日找到生存的方式。/

皮埃：

半夜做了一个噩梦，把自己吓醒了。我梦见自己莫名其妙地多了个哥哥，我们一起打闹时，他拿一把刀砍下了我的左耳。我捂着耳朵求救，他一看见我流血，竟然晕倒了。这时我妈从屋里出来，对我吼："你看看你干了什么？你哥哥都晕倒了。"然后不管我怎么辩解，还有我左耳根一直在流血，我妈都没有回应，她抱起哥哥走远了。

我就醒了。

这都是那本儒勒·列那尔（Jules Renard）《胡萝卜须》（*Poilde Carotte*）的功劳，上次跟你讨论完之后我就开始读，但以后请你不要再嘲笑我读儿童读物。

"胡萝卜须"是书里主人公小男孩的外号，我觉得把一个小男孩叫胡萝卜须，并不只是一件很搞笑的事情，还能说明那个孩子长得有多不起眼。

他们家有三个孩子，他最小，按道理讲应该最受宠才对，但是他竟然把自己活成一个只在犯错时才有存在感的小孩，大部分时间他做的任何事都没法讨好大人。唉，这有点像我。

我做的那个噩梦，某一部分就是胡萝卜须身上发生的事。因为哥哥长得好看，各方面都很优秀，所以父母关注哥哥的一切。然而胡萝卜须对这样的待遇似乎也没什么负面反馈，因为他能吃能睡，也不晕血，修复能力强，心里受了伤好像很快就没事了。这样的小孩子，又或者说是让人误以为“皮实”的小孩子，通常发生什么都不太会引起别人注意。久而久之，不论他们发生什么事，都不会寄希望于别人帮忙解决，因为他们明白，自己在别人眼中很皮实，不必被关注。

因为自己长得不好看，胡萝卜须还经常自卑，胡萝卜须的爸爸有一次故意躲避胡萝卜须的贴面亲吻，他的玻璃心就开始各种揣测起来。爸爸是不是不爱他了，他刚才上课看了闲书，是不是被老师发现并告诉了爸爸，所以爸爸表面上一副亲热，但实际上已经对自己失望？爸爸会不会就此放弃他？爸爸会不会对哥哥更加器重？为什么爸爸跟哥哥亲吻时那么幸福、自然？

结果，爸爸在接吻时疏远他的原因只是胡萝卜须的耳朵上别了一支铅笔，太亲密会戳到爸爸的眼睛。

对于《胡萝卜须》的作者列那尔来说，这本小说带有浓重的自传色彩：原来这位后来熠熠生辉的龚古尔学院成员有一个如此不可思议的童年和学生时代。萨特说：“列那尔是法国现代文学的起源。他把寂静变成了文学，这对文学来说是多大的财富啊！”

我不相信世界上所有人的童年里都住着一个胡萝卜须。所以胡萝卜须所经历的童年，是一笔宝贵的财富：早日明白生活的残酷，早日找到生存的方式。所以我想写这封信给你，皮埃。但请你千万不要误会自己是神父，坐在神龛里听我忏悔：我没有忏悔，全部都是决绝。

## 第三十二次试香

在与笔友皮埃通信的间歇，我迎来了第三十二次试香，我们谈论《胡萝卜须》的时候，我就突然想起自己有一瓶“爱上胡萝卜”（Love les Carottes）香水，来自非常特别的法国有机香水品牌“一叶绿地”（Honore des Pres）。大概八年前，这瓶香水还曾作为新奇味道的代表作出现在《康熙来了》节目上。

因为名字非常契合，我就开始用“爱上胡萝卜”搭配《胡萝卜须》的文字，读着读着，我发现胡萝卜须是干干瘪瘪的，“爱上胡萝卜”是白白胖胖的，有时未必达意。但是不能否认，无论是干瘪还是白胖，它们无疑都是胡萝卜——爱的人特别爱，讨厌的人特别讨厌。

那种胡萝卜的委屈气味。请允许我让你不知所云。我印象很深刻的一次离家出走，就是因为我拒绝吃妈妈蒸的一大锅胡萝卜馅包子。妈妈工作很辛苦，难得有时间煮饭，印象中那是她第一次做胡萝卜主料的饭菜，没想到我完全不买账。

我妈很费解，问我胡萝卜到底哪里不好吃了，为何要讨厌它？

我说胡萝卜有股怪味，很委屈的怪味儿。

哈哈，不知道为什么，胡萝卜在我这里不管有多甜、多酸、多清爽，都是委屈的。那不是杏仁的苦、永生花的酸，更不是八角、肉桂的回甘，而是一种胡萝卜特有的自闭，很像是芫荽和臭大姐的气息，有些不愿意跟别人说笑的孤僻。长大以后,不知从哪天开始,我接受了胡萝卜的委屈,觉得清甜、可人。“爱上胡萝卜”就是我对胡萝卜转变看法之后的气味形象:清爽、甜美、可人,非常逼真。最近床上也都是这支酸甜肥美的“爱上胡萝卜”,可能因为过于逼真的胡萝卜气味,因此我做了那个噩梦。那真是个可怕的、逼真的梦,希望我永不再做。

## 关于品牌 Honore des Pres

“一叶绿地”于 2008 年创始于巴黎,致力于创造 100% 天然且富于艺术气息的香水。

“一叶绿地”之所以从巴黎众多的香水品牌中脱颖而出,得益于其颇具创意的香水包装设计——旗下所有香水包装都设计成外带咖啡杯的样子。然而“一叶绿地”会变得世界知名的原因,还更多地来自其倡导和践行的“百分之百天然有机”的品牌宣言。

“一叶绿地”利用独特的萃取和留香技术,并承诺使用的植物香料均为有机种植,符合欧盟有机标准。另外,“一叶绿地”也承诺不使用动物做实验及不使用动物香料,是切切实实的环保主义和有机主义的倡导者和践行者。

“一叶绿地”昔日旗下共有八支香气作品,不过十分可惜的是品牌已于近年停止经营,因此很多高品质的创作也成了历史。“一叶绿地”的主理调香师正是女调香师奥利娃·贾科贝蒂,这是她对有机天然香料创作的一次大胆探索。

▼

性格

**猎奇 / 爽朗 / 积极 / 阳光**

季节

**春夏**

场合

**私约 / 聚会 / 自由且彰显个性的场合 / 郊游**

▼

总　评 ★★★☆☆

艺术性 ★☆☆☆☆

表现力 ★★★★★

创造力 ★★★★☆

可穿戴性 ★★★☆☆

▼

线性香材

**胡萝卜 | 柑橘 | 鸢尾根 | 香草 | 广藿香 | 安息香**

▼

官网：http://www.honoredespres.com（已停止运营）

# 燃烧的理发店

Burning Barbershop | by D.S.&Durga

/ 看似远，其实不然。/

有个读者发来一个有趣的问题："颂元，谁是你身边离香水最远的人？"

"哎呀，我看人不准啊。"

我原来觉得我的邻居是离香水最远的人。

大概十年前，我当时住在一栋20世纪90年代初建的老居民楼里。我那套房子的隔壁是一个两室一厅，从他们家的大门经过就能大约猜到里面居住的人是怎样凑合地在过日子。他们家特别吵，据楼下小卖部店主说是女的生了一对双胞胎，还都是男孩，楼下邻居投诉、报警已经不止一次了，都没什么用。

那种感觉我特别能理解，因为我住他们家隔壁，周末也感觉跟在打仗似的。于是全楼的人都对这家人心生怨恨，他们家也因此口碑很差。

有一天，楼下邻居来敲我家的门，说我们家筑在墙里的水管漏水，水都流到他们家去了。一家人群情激动，我也不敢怠慢，马上找施工队修水管。

后来施工队来了，死活没找到我家的漏水点，按照他们的经验，有可能是隔壁水管漏水，老小区都这样。于是我硬着头皮敲了隔壁的门。

不看不知道，一看真是触目惊心。他们家厨房从墙壁里往外渗水，然而女主人轻描淡写地说了一句："漏好久了，漏得不多，我们拿盆接着就行了。"

我当下就火了，但是我实在不想在他们家多待。脚下不知道是菜汤还是水果汁，把我的脚紧紧粘在厨房地面上，再环顾四周，真的跟猪窝差不多，不知道堆了几天的锅碗瓢盆横竖在水池里。这时，双胞胎中的一个摔了一跤，脸重重地贴在油乎乎的厨房地面上，我的天，真壮观。

女人此时不知为何，智商稍稍恢复了一些，反驳我："那你怎么知道你家不漏水呢？搞不好你家也漏。"

我只能请她到我家证明我的清白。她一把抱起脸油乎乎的孩子，跟我到了我们家。她从进了我的门就没在看什么墙壁漏水，注意力全在香水柜上，一会儿假意来厨房问一下施工队的师傅，就又抱着孩子跑到香水柜前面。

"我也特别喜欢香水，你的香水我都没见过呀。欸，你觉得我适合用哪一款呢？"

"你先把你家收拾利落点儿，把地擦擦，把孩子的脸洗洗，行吗？"

嘴上这么说，我心里其实不是这么想的：我看人真的不行，话也说重了。有些人看起来远，其实不然；有些人看起来近，其实遥远而且在原地扎了根。

后来这事过去之后，他们家还是事故不断。比如有天半夜，我听到隔壁的男人大喊："你快报警啊！"然后就有一个流氓一样的男子大喊：

“我今天要杀了你，你们家不让人睡觉是不是？”然后开始疯狂踹门、砸东西。那天半夜，整个楼道里都是孩子哭、大人嚷的戏剧化情节。那个时候我突然想到那个女人在我家客厅问我的那个问题。

## 第三十三次试香

第三十三次试香，或许是离好闻最远的一支香水，“燃烧的理发店”( Burning Barbershop ),来自美国品牌“DS 杜加尔”( D.S.&Durga )。“然而好不好闻重要吗？”“香水一定是香的吗？”“燃烧的理发店”在不断挑衅旧有的调香规则。

当然不是。当我们从创作而不是从香体液研发的角度讨论香水，香水是一种关于表达香料的嗅觉艺术。跟肖邦的曲子没有流行歌曲好听、罗斯科的画没有你从宜家买的装饰画好看是一个道理，看你是以什么身份欣赏。好不好闻是主观的、多变的，并不是一支好香水所必要的，能完整表达自己和能在一瞬间触动你，这才重要。

1891 年的一场火灾，烧毁了位于纽约西湖的科林兄弟理发店，这场火灾的其中一个遗物，是一支在大火中幸存但是外包装已被烧焦的男士须后水，“燃烧的理发店”这支香水便是在试图还原调香师打开烧焦须后水时闻到的那阵终生难忘的味道。

“燃烧的理发店”保留了百年前男士须后水的核心香调——馥奇调——一种以薰衣草和香豆素为核心香材，气味酷似蕨类植物的香型分类。在此基础上加入了令人难以接受的焦油香气，来最大限度地描绘物体烧焦之后的刺鼻气味；同时又神来之笔似的在前调中加入薄荷，给了我一种开盖感，就是这瓶东西很久没人碰过了，然后我偶然间打开，会闻到灰尘夹杂着空气的那种微微刺鼻的凉意，让人想打喷嚏，笔触非常细腻。

但是无论如何精彩，“燃烧的理发店”都跟“好闻”二字毫不沾边。如果用好不好闻来判断一支香水的好坏，那么它大概是离一支好香水最远了，然而其实不然；那些看起来很近的，其实遥远而且在原地扎了根。

## 关于品牌 D.S.&Durga

戴维·塞斯·莫尔茨（David Seth Moltz）和卡维·莫尔茨（Kavi Moltz）夫妇最早于 2000 年开始推出香水作品，而两人在 2007 年于美国纽约创立了非常特立独行的小众香水品牌“DS 杜加尔”——品牌的名字是由先生名字的缩写和妻子原本的姓氏合体而成的。戴维负责该品牌的调香，而妻子卡维设计了香水瓶及包装。

说“DS 杜加尔”是特立独行的小众品牌是因为它直到现在仍然保留着手工制作香水的方式，该品牌只选用高品质的天然原料进行香气创作，而品牌主理人、调香师戴维从未接受过任何科班调香训练，完全靠自学成为一名香气创作者。也因此，戴维的作品不受条条框框的限制，气味自由奔放而且颇具纽约这座城市显现出的当代艺术风格。

“DS 杜加尔”是一个相对高产的品牌，夫妇俩自 2000 年推出第一支作品至今，旗下已有六十七支各具特色的香水创作。

▼

性格

**猎奇 / 独一无二 / 直男癌 / 粗犷**

季节

**秋冬**

场合

**私约 / 非正式聚会 / 创作 / 运动**

▼

总　评　★★★★☆

艺术性　★★★★☆
表现力　★★★★★
创造力　★★★★★
可穿戴性　★☆☆☆☆

▼

前调

**薄荷 | 莱姆 | 杉木**

中调

**薰衣草 | 玫瑰**

尾调

**焦油 | 干草 | 香草**

▼

官网：https://dsanddurga.com

Eau de

# 鸢尾灰烬

Iris Cendre | by Naomi Goodsir

/ 中年的美，大概来自丧与想要挣脱丧。/

朋友讲了一个段子：

下午三点的时候，中年人群里相约吃饭是这样的：

“最近新开了一家餐厅，晚上吃？”

“好，七点吧。”

六点半的时候：

“算了，风太大懒得出门，我叫个外卖得了，你们吃吧。”

“那我们也不去了，改天约。”

我发自肺腑地笑了，但这只是中年丧的基本款。不过话说回来，中年其实挺好的。

说实话，我觉得十八岁时的自己很不堪，二十五岁时也没好多少。反倒是过了三十岁，人到中年，脸长开了，有钱捯饬自己了，也能透过表面的现象看到东西本质了。那么跟老年相比呢，中年人也还拥有美好的肉体，偶尔风骚一下也不算太违和，然后开始喜欢自己。

但是中年就一点不好：丧。

因为不再年轻，所以不再满怀期待；因为还没真老，所以感受不到死亡紧逼。

我总结了一下，有三件事可以让我从“中年丧”里不时解脱一下，不至于太过消极。

A. 选一条并不是最近的路

Tips：别找最堵车的时候干这件事。

要么是你记忆深处的，要么有万家灯火的，总之它一定不是最近的那条路。

一个星期有两天吧，我会故意在办公室待到晚一点，晚到不会堵车。从办公室开车回我家，最近的路是二环—机场高速—京密路—望京，但是这一路有一个缺点：只有路。我通常会故意不上机场高速，拐到左家庄—煤炭总医院—曙光西路—望京。这一路跟最佳路线相比有些远，但我之前住过那附近，有好些记忆，沿途万家灯火，小店林立，你看得到美团外卖跟你抢道，看得到骑 OFO 的人猛拐横穿马路。白天习惯目标明确的裁弯取直，晚上我渴望走些弯路。

这样我会觉得我不是一台机器，因为机器只会做最佳选择。

### B. 吃光你点的食物

Tips：无论堂食或外卖。

比平常少点 20% 的量，如果在家吃记得选择不需要餐具。

我有一个前任，应该说那个男孩给我很多影响。在认识他之前，我不知道每一餐把食物全部吃完是一种快乐，我一直认为那是一种无关紧要的生活细节，有时甚至显得不够大气。

前几天人们在争论古驰（Gucci）全部弃用皮草是不是只是一种营销手段。我的答案偏向于“是”。人工养殖的动物有它们死亡的使命，它们甚至比人类更幸运，因为我们的死亡大部分没有使命。

如果它们一定要死，与其去不切实际地宣布弃用动物皮毛，还不如让动物们死得更有尊严、更有价值。我们善待自己的每一个皮包、每一双皮鞋，记得常常擦拭，换季时给它们一个好的栖身之地。

食物也是如此。既然食物们为我而死，而有生之年我又必须吃掉它们，那么不如大方地吃掉它们，不留残羹，不使它们枉死，不辜负它们以肉身喂养。

那些死去的猪、牛、羊、鸡、小麦、稻米、小油菜就是你，它们的量子与你的量子纠缠，你登上诺贝尔领奖台的时候它们也在台上。

### C. 擦一擦，卖掉用不到的包包和鞋子

Tips：日常记得保养，不然也卖不出去。

这是我第一次尝试把不用的单品卖掉，以前想想就觉得麻烦。

但是我又是一个典型的不理智消费者。比如我买了迪奥（Dior）红色高跟鞋，其实是今年的新款，但我买来之后一次都没穿过。因为这个牌子的高跟鞋穿着不舒服，最近又换了一个莫名其妙的代言人，我心里也不舒服。但为什么还要买呢？就是觉得太好看了，想要，想占有。这种情况在高跟鞋领域最常发生，闲置率奇高。

我没有在闲鱼上卖，因为我有一个好朋友为了卖点东西每天不堪其扰地回复各种无聊问询，还有人来问三围。我在尝试 Plum，一个寄卖平台（我没有收广告费）。

我本来并没有觉得把单品擦一擦卖掉会有什么额外的收获。但是在准备寄卖的东西的时候，我找出一款款被我雪藏多年的包包、鞋子，我竟然非常激动，那些都是年轻时候的我攒钱买的，不知道为它们下了多少次狠心。让它们待在柜子深处，很不厚道，不如放它们出去，交给对的人。

暗示自己：看，颂元，你也在用力地、认真地生活。

## 第三十四次试香

D.Iris Cendre（鸢尾灰烬）

Tips：在没有想好之前尽量不要把它穿在身上。

最近翻了一下箱底，找到一支 2015 年买的，还没开过封的“内奥米·古德瑟”（Naomi Goodsir）。香水的名字很有意思，“鸢尾灰烬”（Iris Cendre）。第三十四次试香，我迫不及待地扭开了瓶盖，换上随盒附送的喷头。

没有料到，它让你开瓶有爱，鸢尾花通常被视为塑造粉质感香气的绝佳原料，那粉细腻得就像祖母梳妆台上闲置了三十年的旧粉。然而就在你享受那粉质感的绵密和复古的时候，香气却在十秒之后脾气大变，变得燃烧、冒烟、焦黑，让人不禁倒退三步，掩鼻而嗽，扼腕叹息：那么美的花，在法国人那里代表爱的花，怎么就自焚了呢？死亡的悲伤和恐惧，通过鼻腔一直传送到你的心里，心情复杂是因为：它很美，也更丧，当你结识了一个比你更丧的东西，你自己就解脱了。

这支香水的香气很复杂，也很独特，程度秒杀此前的一众普通活着的鸢尾主题香水。粉质感的鸢尾和紫罗兰，加上烧焦成灰的烟草和焚香，应该取名：一场鸢尾的自焚。这种基础质感的上层，多了两种很奇特的东西：一种是绿意，好似鸢尾自焚后有一个侧根保留了下来，来年再长叶、开花的期待；另一种是塑料感，搞了半天是塑料鸢尾花的自焚吗？仿佛那不是真的死亡。

想到简媜小姐的一个句子：“深情即是一桩悲剧，必得以死来句读。”

鸢尾不但不深情，还是一种薄情，因为花期短。你看，鸢尾灰烬，好像在说，面对世界，薄情者也是以死句读啊，粉身碎骨啊。谁的生活不是以死句读呢？啧啧两声，无问深浅。

## 关于品牌 Naomi Goodsir

“内奥米·古德瑟”，出生在澳大利亚，住在法国。她是我的一位朋友，我第一次认识她的时候，并不是因为香水创作，而是她为巴黎时装周某场秀定制的帽子。但我很难说内奥米仅仅是一个帽子设计师那么简单。她用她很独特的小宇宙，创作很多东西，采用高级定制的方式，比如帽子、包包、配饰，当然，如果没有香水她就不会出现在这里了。她总是能令你在一个非常大的场子迅速聚焦于她的出现，带着一种凌厉和寂寞。

内奥米·古德瑟用十几年的时间，只完成了五支香水的创作，这个速度，恐怕比兼职还要慢得多。但内奥米·古德瑟创作的香气，确实是独一无二的，就是那么一开头你觉得似曾相识，但十秒钟之后总是话锋一转，转向一个你也无法预知的方向，也不管到底适不适合穿戴，把规矩和传统远远地放在了一边。

内奥米·古德瑟创作的香水中，除了本文提到的“鸢尾灰烬”，还有一支“金色宫闱”（Or du Sérail），矛盾、对立，话锋同样一转，便覆水难收。

内奥米·古德瑟的作品“巴克利之夜”（Nuit de Bakélite）于2018 年获得法国香水基金会授予的香水 FiFi 奖最佳艺术香水奖。

▼

性格

**猎奇 / 无畏 / 独一无二**

季节

**秋冬**

场合

**非正式聚会 / 自由且彰显个性的场合 / 商务谈判**

▼

总　　评　★★★★☆

艺 术 性　★★★★★

表 现 力　★★★★☆

创 造 力　★★★★★

可穿戴性　★☆☆☆☆

▼

前调

**花香 | 香柠檬 | 橘子 | 香辛料**

中调

**鸢尾 | 焚香 | 紫罗兰**

尾调

**劳丹脂 | 烟草 | 琥珀**

▼

官网：https://www.naomigoodsir.com

# 这不是蓝瓶 1.4

This is not a blue bottle 1.4 I by Histoires de Parfums

/ 那不是比萨，是必胜客。/

在第一次去意大利之前，我是不吃比萨的，只因我记忆里的比萨面饼那么厚，馅料像是冷冻食品，酱料也有一股防腐剂的味道。所以第一次去意大利旅游的时候，我的旅伴非要去那不勒斯吃正宗的比萨，我就显出一副兴味索然的样子，不太想去。

我记得在我上初中的时候，那时还是20世纪90年代，必胜客在北京开了好多家餐厅，马路边、电视台里都是必胜客餐厅的广告。那时候大家都是穷学生，零花钱相当有限，所以谁要是能在必胜客里过生日，或者周末去吃必胜客的话，就是件很了不起的事。上初二那年我第一次拿到奖学金，立刻请我喜欢的男同学一起去吃必胜客，我还记得那家必胜客在西单一个挺不好找的地方，我特别开心。既然到了必胜客，当然是吃比萨，那是我第一次吃比萨，觉得自己非常洋气。

但是等比萨上来之后，我都没吃完就摆在那儿吃不下去了，我觉得自己好像在吃蘸了番茄酱的馒头——比萨原来是这个口感啊！面饼不好吃，上面的菠萝味道也怪怪的，而且还冷掉了。结论就是，比萨这种东西不好吃，但是因为是跟自己喜欢的人一起吃的，所以我还是很开心的，用现在的话来说应该是叫愉快地拔草了。

自此之后的很多年里，每当有人提议去吃比萨，我都会说比萨的坏话，因为我自认为很诚实，不好吃就是不好吃，也没必要强迫自己去吃一种自己不喜欢的食物。一直到一些正宗的意大利餐厅开到北京来，我都还是很抗拒点比萨这个东西。

还好那次去意大利旅游的旅伴很坚持，他看出我对比萨兴趣不大之后，就问我为什么会不喜欢吃比萨，然后听我说完他就哈哈大笑跟我说："我保证你从那不勒斯回来之后会收回所有关于比萨的坏话。"我说那不必啊，我们当时在米兰，我说我们今晚就可以去米兰的餐厅点比萨吃。

结果你们当然知道的，餐厅端上来的比萨跟我初中时候吃到的好像是两种食物，只是凑巧叫了同一个名字。在意大利旅游那几天，我就每天都要吃一种比萨，我说哎呀，原来萨拉米比萨真好吃啊，海鲜比萨上面都是海鲜啊，比萨上的奶酪这么柔韧而性感啊，搞成了大型真香现场。

其实这种误解并非第一次。我在好多采访里也讲过，我其实念大一的时候对香水不是很感兴趣，那时就觉得香水嘛，要么是甜甜蜜蜜的花果香，要么是让人有些昏厥的海洋香，顶多是个功能性轻奢品。所以我大三暑假去法国参加暑期学习的时候，班上有个男生说他爸爸是调香师，邀请我们去他爸爸的工作室做客，我也没太当一回事。

但是去了之后我受到的震撼非常大。那个时候我们接触香水的方式只有商场专柜，我从来没有试过制作香水用的原料是什么味道，也从来没有试过天马行空的香水创作是什么味道。参观完同学爸爸的工作室我才知道法国人票选第一名的香料是广藿香——那正是我们食用藿香正气水的主要成分，可是广藿香那么迷人，温暖深沉而且踏实，像脚踩大地一样。而调香师对能够自由使用原材料、自由创作、自由表达，是那么渴望，甚至可以说是渴求。

生活可能会把很多标签的内容偷换。所以我一直对自己的个人偏好保有不是那么笃定的习惯，我在上一本书里说过“你喜欢或者不喜欢，既不真实也不重要”——慢慢接近一个事物真正的本质可能需要很长时间，甚至一生的时间，所以喜欢与不喜欢很可能是一种阶段性的误读。

我初中时吃过的并不是比萨，而是必胜客；而比萨好吃的极限在哪里呢？不知道并保持期待。

## 第三十五次试香

第三十五次试香，这支香水光看名字就很有意思，叫“这不是蓝瓶1.4”（This is not a blue bottle 1.4）。这个有趣的名字我们分成两部分来解读就会简单得多，This is not a blue bottle，这不是个蓝瓶，一下子就让人想到比利时画家雷尼·马格利特（Rene Magritte）的画作《这不是一只烟斗》。没错，“香水故事”（Histoires de Parfums）的“这不是蓝瓶”系列香水就是在向马格利特的作品致敬。而 1.4 的部分呢，在阐述自己辈分的同时也悄悄告诉你可能还有 1.1、1.2、1.3，是的，没错，第三十五次试香，我们试的是这不是蓝瓶系列的第四支作品，它还有个很漂亮的名字叫作“Yin”，音译自中文“阴”（对，还有一支同系列的香水叫“阳”）。

“这不是蓝瓶”系列的第一支香水 1.1 首发是在 2016 年，当年即获得了很大反响，人们对于香气和它所致敬的哲思都很感兴趣：你看到一支蓝瓶，但它未必真的只是一支蓝色瓶子。那它到底是什么，需要你自己去思考了，每个人的答案肯定也不一样。

到了 1.4 这个版本，品牌创始人赫拉尔德·古斯兰（Gerald Ghislain）又突然间来了兴致，做了一个更加大胆的尝试：用 100% 纯天然香材，做一支香水。这并不是一件简单而讨喜的事。一方面香水工业发展到今天，天然等同香材和人工合成香材已经深入了香水创作的每个角落，正是由于高品质人工合成香材的加入，才使创作素材更加丰富、气味更加独特。另一方面，对于“100% 天然香材”这个概念，人们并不再迷信，一支香水有 70% 以上的天然香材，就已经是可观的比例，已经可以达到一定品质。所以“这不是蓝瓶 1.4”更像是一种向 100% 天然香材创作的膜拜，是一种对纯粹和古法的回望。

“这不是蓝瓶 1.4”的气味非常有天然香材作品的特色：醇厚且真实。前调中非常突出的是具有亲肤感的印蒿香气和微甜甚至带有一些奶香质感的依兰依兰，温和但是充满坚定的力量。随着时间的推移，天然东方香材特有的甘甜充斥了整个香气画面，这也是香气主体馥郁、醇厚的主要来源，奠定了香气的秋冬属性。在尾部有越来越清晰的广藿香和劳丹脂香气，使尾部的气息更加下沉、更加贴近大地，从馥郁醇厚过渡为温暖踏实，可以说是非常好的睡眠香了。当然，因为这支香水的所有成分都是 100% 天然香材，所以气味虽然馥郁、醇厚，但是丝毫没有你们常说的“呛人”“头晕”，反而它总让我感觉非常温柔，即便香材本身都很强大而馥郁，它却反倒有种“心有猛虎嗅蔷薇”的铁汉柔情，是纯天然香材创作里非常有特点的作品。

纯天然香材创作这件事，常常令我热泪盈眶：一切与大自然的恩赐有关的东西，都值得感激——至少是牺牲了生命，一种对人的成全。然后我也很感谢昔日班上那位男同学的爸爸，给了我关于一种深邃的艺术该有的深度和切入点——对植物的热爱、对香材的热爱。

## 关于品牌 Histoires de Parfums

“香水故事”于2000年在巴黎创立，中文译为“香如故”。创始人将品牌设定为一座嗅觉的博物馆，这里用香气诉说着法国历史上的名人故事、传奇年代、美好诗篇、音乐与艺术。

品牌创始人赫拉尔德·吉斯兰称自己为享乐主义者——他不仅以品牌创始人和调香师的身份活跃在沙龙香水界，其名下还包括巴黎的一家餐厅和一家酒吧。

赫拉尔德·吉斯兰的调香灵感丰富而多变，加上不设限的想象力，使得“香水故事”能够使用臻至的原材料在肌肤之上创造出一层独特的香气。

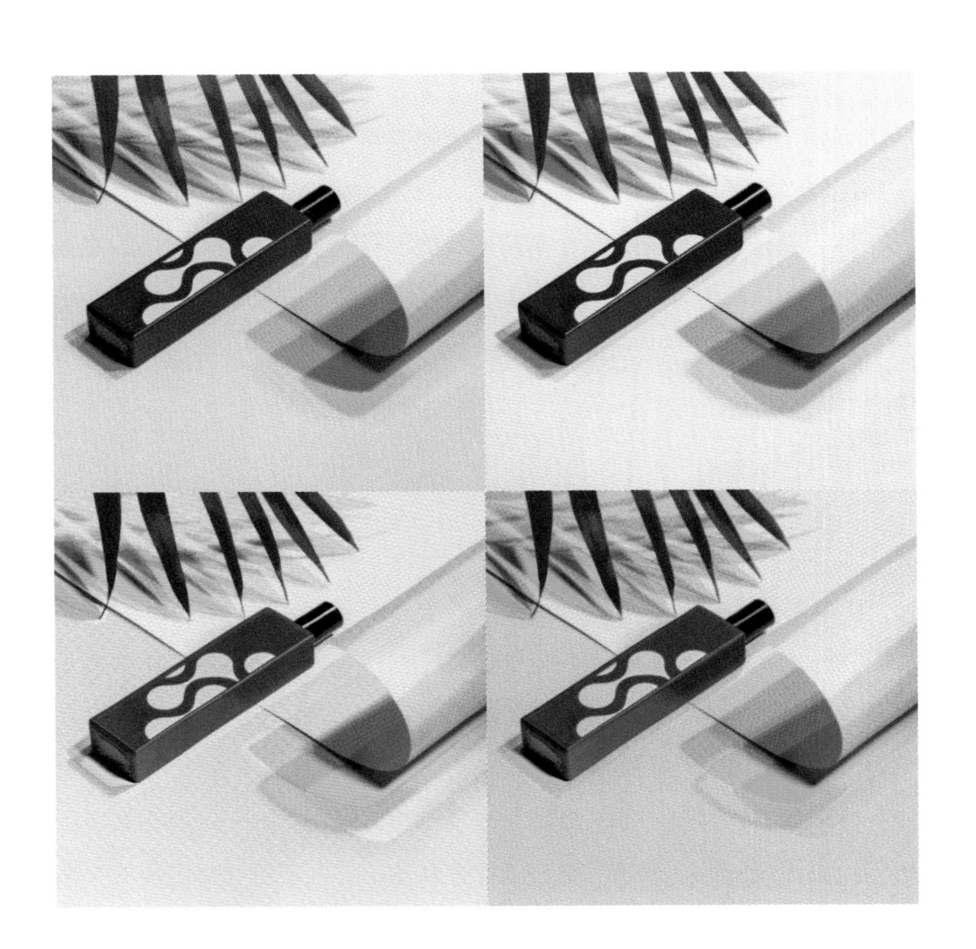

▼

性格

**外显 / 理智 / 执着 / 果断**

季节

**秋冬**

场合

**通勤 / 办公室工作 / 商务场合 / 集会论坛**

▼

总　　评　★★★☆☆

艺 术 性　★★★☆☆
表 现 力　★★★☆☆
创 造 力　★★★★☆
可穿戴性　★★★★☆

▼

前调

**印蒿 | 薰衣草 | 小豆蔻**

中调

**依兰依兰 | 零陵香豆 | 安息香**

后调

**劳丹脂 | 广藿香 | 红没药**

▼

官网：https://www.histoiresdeparfums.com
购入：关注微信公号“小众之地 minorite”

ZOOLOGIST
RHINOCEROS
EAU DE PARFUM

# 犀牛

Rhinoceros I by Zoologist

/ 文明再虚伪，也不是野蛮。/

“象人”指那些身体有严重先天畸形的人，而生活在19世纪的英国人约瑟夫·梅里克（Joseph Merrick）无疑是象人里最知名的一位。不但有传记作家书写关于他的传奇生平，电影导演大卫·林奇（David Lynch）还在1980年拍摄了一部非常别致的黑白电影,就叫《象人》（*The Elephant Man*）。

电影里面的情节大致与象人的三种生活状态有关：早期他被卖进马戏团里，被班主当作财产，被看客们当作奇闻逸事一样参观；后来伦敦医院的特维拉医生将他带回医院做研究和观察，在医学院大会上展示了他的惊人发现——“象人”，并把他安排在医院的阁楼，象人由此开始回归社会生活，这其中他与各色人士的互动最为精彩：特维拉医生和妻子、护士们、女演员、锅炉工、上流社会闻风而来的“新朋友”们等。然后某天晚上他在医院被前班主劫走，继续在马戏团里被当作奇闻逸事参观，最终在马戏团其他小伙伴的帮助下经历万难回到伦敦医院的住处。回到医院不久，由于疾病缠身，很快他就去世了。

我的一位朋友，在他的朋友圈里写下这么一段关于《象人》的影评："班主和医生都一样，象人只是他们用以达到目的的手段，只不过班主是赚钱、医生是争名。所谓上流社会和女演员那些虚伪的善意、过分的示好，比那个粗鲁对待象人的野蛮锅炉工更让人恶心。"

我立马给他发了一条微信："我觉得不是这样的，文明再虚伪，也不是野蛮。"

医生为了在同侪中脱颖而出所以发现了象人；伦敦医院的院长为了获得其宽厚以待万物的社会评论而突破董事会的阻力把象人留在医院永久照料；护士在象人变成人人表达爱与宽容的对象之后不再排斥他并以照料他为荣；歌剧院最知名的女演员为了释放高尚的情怀而亲自来医院探望象人并亲吻了他；上流社会的先生和太太们争相来与象人社交以标榜自己的博爱与慈悲；甚至连伊丽莎白女王和公主殿下都以特殊的方式表达对象人的眷顾以昭示热爱平民。

坦白地讲，这里面的每一种文明确实都虚伪而且各有目的。

与此不同的是野蛮的真实。马戏团班主前后两次将象人囚禁在黑暗潮湿的小黑屋内，并且随意打骂；医院的锅炉工经常趁众人不在时恫吓、猥亵象人，并最终在酒吧纠集了一票对象人怀有好奇的三教九流，以收门票的形式把嫖客、妓女、老酒鬼带到象人的住处，调戏他、猥亵他。

我说兄弟，你不能站在你的角度去评判哪个恶心，那不重要。如果今天你就是象人，你是要文明的虚伪还是野蛮的真实？我们无权要求每个人都是无欲无求的。正是对于我们来说的那些虚伪的文明，使象人重拾与人交谈的勇气、在被美丽的女人以礼相待之后而感动、得到女演员一吻后的一点点自信与遐想、在明显还不习惯他的长相而硬着头皮与他聊天的上流社会夫妇不知所措时能应对自如。而反过来野蛮又给了他什么呢?

电影中的一个场景非常有震撼力，令我难忘:白天，院长和医生说服了董事会，把象人留了下来，并给他送来一套礼物：绅士理容套装——里面有头发护理、盥洗用具和古龙水。他收到礼物的时候，那么开心，迫不及待地把香水涂在自己身上，兴奋地忍不住称叹。恰恰在当天晚上，锅炉工就纠集了三教九流来戏弄他、侮辱他，最后还把烈酒倒在他身上，然后扬长而去，留下一个像淋湿的玩偶一样垂头丧气的约瑟夫·梅里克。

这一幕应让文明的虚伪被宽恕。更愿野蛮最终都能被裁决，不论何时、以何种形式。

## 第三十六次试香

第三十六次试香，是来自另类而有趣的小众香水品牌“动物学家”(Zoologist)的创作“犀牛”(Rhinoceros)。

这是一支非常另类而且特别复杂的作品，既在气味呈现上有所创新，又非常切题地把一种带有粗糙皮质感的男性气质香气呈现在我们面前。非常奇妙的是，当我试到“犀牛”这支香水时，我脑海中竟然出现了大卫·林奇的电影《象人》中的经典桥段：象人在白天收到了古龙水，他欢喜地把香水涂在耳后，精致的装扮俨然一位美妙的绅士；晚上他被流氓们猥亵，全身被浇满了烈酒，烈酒在他已经非常粗糙的皮肤上沁入，将一切他对于美好的想象打得粉碎。

香水的前调中第一时间蹿出的是一阵非常迷人的烈酒香气，注意我不是在说香水酒精溶剂的气味，而是一种类似于威士忌的泥煤气息或者朗姆酒的苦涩辛辣。与这阵子明显的烈酒香气不同，另一个方向站着几个芳香族的家伙，给前调增添了出人意料的绿意，可能是犀牛凫水时身上沾染的水草或者苔藓。

随着时间的推移，香气中的皮革和烟草逐渐取代烈酒成为主体。非常之清淡的沉香气息使得烟草的烟质感无限加重，为皮革香气也漆上了一层深沉的表色。皮革表面粗糙而且开裂，也许是经年累月留下的痛苦痕迹。这样的中调将持续很久，香根草在中调后半程的时候会来主导整个香气，使香气充满泥土感，贴近大地，但前半程里香根草则掩藏得很深。

我们在提到以动物为创意的香气时，往往都不敢轻易尝试如圣兽之皮等过于写实的香水，担心过重的动物气息会影响穿戴性。但是这支“犀牛”你完全不必担心，它具有非常好的可穿戴性。

它更像一个充满野性的绅士，而不是一匹野蛮的动物。

## 关于品牌 Zoologist

“动物学家”品牌由维克托・王（Victor Wong）于 2013 年在加拿大多伦多创立，品牌与多位屡次获奖的知名独立调香师合作，创作每支具有高识别度和高创新性的香水。

在 Zoologist 的香水中，对于各种动物的挚爱无以言表，品牌抓住了这些动物可爱的样貌或行为作为素材和灵感，使用拟人化的方式用香气赋予动物人格和角色。这种非常有趣的创作方式带给人们关于动物的气味体验非常特别而且不同寻常，甚至有人说，“动物学家”是人类与大自然之间的气味纽带，它帮助我们认识最原始的动物世界。

“动物学家”不使用任何动物香料，而是以人工合成香气取代。目前品牌旗下共有十八支基于不同动物原型创作的香水作品，是有趣且充满想象力的当代小众香水品牌。

我收藏了一张大卫·林奇的版画，是用整个鸡头从版画轴下碾过的方式创作的，是一以贯之的林奇式黑色口味。

▼

性格

**猎奇 / 低沉 / 阅历丰富 / 特立独行**

季节

**秋冬**

场合

**自由且彰显个性的场合**

▼

总　　评 ★★★★☆

艺 术 性 ★★★☆☆
表 现 力 ★★★★★
创 造 力 ★★★★☆
可穿戴性 ★★★☆☆

▼

前调

**朗姆酒 | 香柠檬 | 薰衣草 | 榄香脂 | 鼠尾草 | 松树 | 艾蒿**

中调

**松树 | 烟草 | 不凋花 | 老鹳草 | 沉香（乌木）| 雪松**

后调

**香根草 | 檀香木 | 琥珀 | 皮革 | 麝香**

▼

官网：https://www.zoologistperfumes.com

午花果木

▼

性格

**温暖 / 安静 / 阳光 / 内敛 / 谦和**

季节

**秋冬**

场合

**阅读 / 居家 / 冥想 / 放空**

▼

总　　评　★★★★☆

艺 术 性　★★★☆☆
表 现 力　★★★★☆
创 造 力　★★★★☆
可穿戴性　★★★★☆

▼

前调

**香柠檬 | 橙花 | 无花果叶**

中调

**无花果 | 茉莉 | 小豆蔻**

后调

**广藿香 | 檀香 | 雪松**

▼

官网：http://www.odhora.com
购入：关注微信公号“小众之地 minorite”

# 感谢

这本书里所有的摄影作品都是老葛一手包办的，在创作过程里他把书稿看了五遍，我们的讨论持续了一整个夏天。

定稿时他发消息给我："这不是为香水拍的大片，而是我对你和你的文字的视觉共振，每一幅都有我的感触在画幅里。"

再次感谢他。

十日一旬

一旬一香

第三十七次试香过后

便是新的一年

**图书在版编目(CIP)数据**

有悬念的气味，以及不盲从的生活 / 颂元著. -- 上海 : 上海文化出版社, 2020.2
ISBN 978-7-5535-1818-3

Ⅰ. ①有… Ⅱ. ①颂… Ⅲ. ①香水—介绍—世界 Ⅳ. ①TQ658.1

中国版本图书馆 CIP 数据核字 (2019) 第 230656 号

出 版 人：姜逸青
选题策划：联合天际
责任编辑：顾杏娣
特约编辑：阿 喜 徐立子
封面设计：周伟伟
美术编辑：王颖会 梁全新

书　　名：有悬念的气味，以及不盲从的生活
作　　者：颂　元
出　　版：上海世纪出版集团　上海文化出版社
地　　址：上海市绍兴路 7 号　200020
发　　行：未读（天津）文化传媒有限公司
印　　刷：雅迪云印（天津）科技有限公司
开　　本：710×1000　1/16
印　　张：18
版　　次：2020 年 2 月第一版　2020 年 2 月第一次印刷
书　　号：ISBN 978-7-5535-1818-3/TS.065
定　　价：88.00 元

关注未读好书

未读 CLUB
会员服务平台